国家新闻出版改革发展项目库入库项目

机器人和人工智能技术丛书

高等院校信息类规划教材"互联网十"系列

U0309711

机器人系统建模与仿真

李艳生　杨美美　魏　博

黄　超　张　毅　　编著

北京邮电大学出版社

www.buptpress.com

内 容 简 介

本书全面深入地介绍了移动机器人和臂式机器人的系统组成以及建模与仿真的基本原理,重点突出 Adams 和 MATLAB 软件在动力学仿真和数值计算上的优势,展示机器人机械系统和控制系统建模与仿真的详细过程。

本书内容翔实、实例丰富、深入浅出,可作为高等院校机器人工程、机械电子工程和机械设计制造及自动化等专业高年级本科生的教材和研究生相关课程的理论科研参考书,也可作为相关工程技术人员的理论指导手册。

图书在版编目(CIP)数据

机器人系统建模与仿真 / 李艳生等编著 . -- 北京:北京邮电大学出版社,2020.6(2023.1 重印)
ISBN 978-7-5635-6048-6

Ⅰ . ①机… Ⅱ . ①李… Ⅲ . ①机器人－系统建模－教材②机器人－系统仿真－教材 Ⅳ . ①TP242

中国版本图书馆 CIP 数据核字(2020)第 069984 号

策划编辑:姚 顺 刘纳新 　　　　**责任编辑:**满志文 　　　　**封面设计:**柏拉图

出版发行:北京邮电大学出版社
社　　址:北京市海淀区西土城路 10 号
邮政编码:100876
发 行 部:电话:010-62282185 　传真:010-62283578
E-mail: publish@bupt.edu.cn
经　　销:各地新华书店
印　　刷:唐山玺诚印务有限公司
开　　本:787 mm×1 092 mm 　1/16
印　　张:14
字　　数:342 千字
版　　次:2020 年 6 月第 1 版
印　　次:2023 年 1 月第 4 次印刷

ISBN 978-7-5635-6048-6 　　　　　　　　　　　　　　　　　　定 价:45.00 元

机器人和人工智能技术丛书

顾问委员会

钟义信 涂序彦 郭 军 廖启征 贾庆轩 张 毅

编委会

总 主 编　宋　晴

副总主编　褚　明

编　　委　张　英　李艳生　王　刚　张　斌　胡梦婕

总 策 划　姚　顺

秘 书 长　刘纳新

前　言

机器人被称为"制造业皇冠上的明珠"，机器人技术水平代表着一个国家的制造能力。从国家战略层面已将机器人技术列为重要内容，并且随着机器人技术的快速发展，机器人在我国工业、农业和生活领域的应用也不断增多，极大地促进了制造企业技术的升级和人们生活质量的提升。因此，为了适应机器人技术的发展，特别是随着智能制造技术的发展需求，高校对机器人专业人才的培养势在必行。近几年国内高校陆续开设了"机器人工程"本科专业和"机器人技术"研究生课程，而现有与机器人仿真相关的书籍不适合机械自动化大类学生的培养要求，因此急需编写机器人系统建模与仿真教材，突出机器人机电融合的特点。

机器人系统中的运动和控制问题是机器人研究的主要内容，本书中机器人系统建模与仿真以移动机器人和臂式机器人为对象，应用 Adams 软件和 MATLAB 软件对机器人运动和控制过程进行仿真，详细阐述了机器人的基本工作原理，同时结合典型实例展示仿真软件的基本操作方法。书中各章节之间既相对独立，又前后呼应，有机结合，每个章节都有明确的思路和阶段目标，力求让学生有一个整体的知识结构，同时掌握机器人系统建模与仿真的具体实现过程。本书可作为机器人工程专业的本科生教材，同时可作为机器人方向研究生相关课程的理论科研参考书，也可供对机器人学、Adams 软件和 MATLAB 软件有兴趣的工程技术人员参考。

本书的作者近十年来专注于机器人技术方面的科学研究，同时也讲授机器人技术和机电系统建模与仿真课程，在机器人系统建模与仿真方面积累了很多技术经验和教学资料。本书在编写过程中用到的仿真资源一部分来源于作者科研项目的已有成果，另一部分来源于教学参考书籍的优秀案例，在此特别对本书仿真实例部分有贡献的项目组成员、教学团队成员和参考书籍作者表示衷心的感谢。同时本书内容中涉及的仿真代码和教学资源全部公开，免费供高校教师使用和学生学习。

本书由李艳生、杨美美、魏博、黄超和张毅等人编著，由于作者水平有限且编写时间仓促，书中如有疏漏之处欢迎广大读者提出宝贵的意见和建议。

作　者

目　　录

第1章 绪 论

机器人的完美形象在现在的影视作品中不断呈现,其实机器人一词最早来源于科幻小说中。随着机器人技术的发展,机器人的定义也在不断变化,机器人的内涵也在不断充实和创新。近几十年机器人在工业上的广泛应用,使得机器人技术得到了高速发展,具有一定智能的机器人开始渗透人类活动的各个领域。

1.1 机器人概述

1.1.1 机器人的定义

机器人是典型的机电一体化产品,被称为"制造业皇冠上的明珠"。如图1-1所示,机器人技术涉及多个学科的知识综合,如机械设计与制造技术、计算机技术、信息处理技术、传感器技术、软件技术、电子技术、驱动技术、自动控制技术、系统技术和人工智能技术等。因此,机器人技术水平代表着一个国家的工业制造实力和科技创新能力。

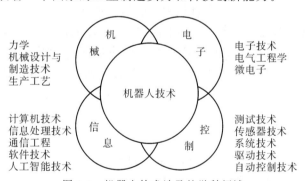

图 1-1 机器人技术涉及的学科领域

机器人作为20世纪人类最伟大的发明之一,自20世纪60年代初问世以来,经历了60多年的发展,已取得了显著成果。目前机器人的定义仍然没有统一,因为机器人技术还在发展,新的机型、新的功能不断涌现,领域不断扩展,并且涉及人的概念,成为一个哲学问题。机器人一词源于人们的幻想,最早诞生于科幻小说中,随着机器人技术的飞速发展和信息时代的到来,机器人的内容越来越丰富,机器人的内涵也在不断充实和创新。

法国作家利尔亚当在他的小说《未来夏娃》中将外表像人的机器起名为"安德罗丁",它由4部分组成:

（1）生命系统（平衡、步行、发声、身体摆动、感觉、表情、调节运动等）。

（2）造型材料（关节能自由运动的金属覆盖体，一种盔甲）。

（3）人造肌肉（在上述盔甲上有肉体、静脉、性别等身体的各种形态）。

（4）人造皮肤（含有肤色、机理、轮廓、头发、视觉、牙齿、手爪等）。

捷克作家卡雷尔·卡佩克发表的科幻剧本《罗萨姆的万能机器人》中，把捷克语"Robota"写成了"Robot"，"Robota"是奴隶的意思，该剧预告了机器人的发展对人类社会的悲剧性影响，引起了大家的广泛关注。

科幻作家阿西莫夫为了防止机器人伤害人类，提出了"机器人三原则"，给机器人赋予了伦理性纲领。

（1）机器人不应伤害人类。

（2）机器人应服从人类的命令，与第一条相矛盾的命令除外。

（3）在不违反第一原则和第二原则的情况下，机器人应能保护自己。

日本的森政弘与合田周平提出："机器人是一种具有移动性、个体性、智能性、通用性、半机械半人性、自动性、奴隶性7个特征的柔性机器"。

法国的埃斯皮奥将机器人学定义为："机器人学是指设计能根据传感器信息实现预先规划好的作业系统，并以此系统的使用方法作为研究对象"。

国际标准化组织对工业机器人进行了定义："工业机器人是一种具有自动控制的操作和移动功能，能完成各种作业的可编程操作机"。

美国机器人学会（RIA）提出："机器人是一种可编程的多功能操作机，用于移动材料、零件、工具等，或者是一个通过各种编程动作来完成各种任务的专用装置"。

我国科学家对机器人的定义："机器人是一种自动化的机器，所不同的是这种机器具备一些与人或生物相似的智能能力，如感知能力、规划能力、动作能力和协同能力，是一种具有高度灵活性的自动化机器"。

蒋新松院士的定义："机器人是一种拟人功能的机械电子装置"。

近几年随着人工智能技术的兴起，人们在研究和开发未知及不确定环境下作业的机器人的过程中，逐步认识到机器人技术的本质是感知、决策、行动和交互技术的结合，智能机器人开始源源不断地向人类活动的各个领域渗透，人们对机器人技术智能化本质的认识也在不断地加深。

1.1.2 机器人的发展

人们对机器人的幻想与追求已有3000多年的历史，人类希望制造一种像人一样的机器，以便代替人类完成各种工作。

西周时期，我国的能工巧匠偃师就研制出了能歌善舞的伶人，这是我国最早记载的机器人。

春秋后期，我国著名的木匠鲁班，在机械方面也是一位发明家，据《墨经》记载，他曾制造过一只木鸟，能在空中飞行"三日不下"，体现了我国劳动人民的聪明智慧。

公元前2世纪，亚历山大时代的古希腊人发明了自动机，它是以水、空气和蒸汽压力为动力的会动的雕像，它可以自己开门，还可以借助蒸汽唱歌。

汉代大科学家张衡不仅发明了地动仪，而且发明了如图1-2所示的指南车和如图1-3所示的计里鼓车。计里鼓车每行一里，车上木人击鼓一下，每行十里击钟一下。

图 1-2 指南车

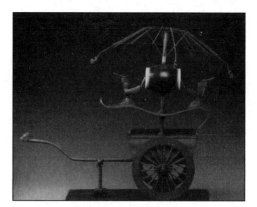

图 1-3 计里鼓车

后汉三国时期,蜀国丞相诸葛亮成功地创造出了"木牛流马",并用其运送军粮,支援前方战争。

18 世纪法国天才技师杰克·戴·瓦克逊发明了一只机器鸭,它会嘎嘎叫,会游泳和喝水,还会进食和排泄。

19 世纪摩尔制造了"蒸汽人","蒸汽人"靠蒸汽驱动双腿沿圆周走动。

20 世纪初捷克斯洛伐克作家卡雷尔·恰佩克在他的科幻小说中,根据 Robota(捷克文,原意为"劳役、苦工")和 Robotnik(波兰文,原意为"工人"),创造出"Robot"这个词。

1954 年美国人乔治·德沃尔制造出世界上第一台可编程的机器人(即世界上第一台真正的机器人),并注册了专利。这个机器人的机械手能按照不同的程序从事不同的工作,因此具有通用性和灵活性。

1959 年德沃尔与美国发明家约瑟夫·英格伯格联手制造出第一台工业机器人,随后,成立了世界上第一家机器人制造公司 Unimation。由于英格伯格对工业机器人的研发和宣传,他也被称为"工业机器人之父"。

1962 年美国 AMF 公司生产出"VERSTRAN"(意思是万能搬运),与 Unimation 公司生产的 Unimate 一样成为真正商业化的工业机器人,并出口到世界各国,掀起了全世界机器人研究的热潮。

1969 年日本早稻田大学加藤一郎实验室研发出第一台以双脚走路的机器人。加藤一郎长期致力于研究仿人机器人,被誉为"仿人机器人之父"。

1978 年美国 Unimation 公司推出通用工业机器人 PUMA,这标志着工业机器人技术已经完全成熟,图 1-4 所示的 PUMA 机器人至今仍然工作在工厂第一线。

1979 年日本山梨大学牧野洋发明了水平多关节型 SCARA 机器人,此机器人在此后的装配作业中得到了广泛应用。

2002 年美国 iRobot 公司推出了吸尘器 Roomba 机器人,它能避开障碍,自动设计行进路线,还能在电量不足时,自动驶向充电座。吸尘器 Roomba 机器人是一款成功商业化的家用机器人的代表。

2009 年丹麦优傲机器人(Universal Robot)公司推出第一台如图 1-5 所示的轻量型 UR5 系列工业机器人,该机器人的特点是无须安全围栏即可直接与人协同工作,一旦人与机器人接触产生了 150 N 的力,机器人就自动停止工作。

图 1-4 PUMA 机器人

图 1-5 优傲公司的机器人

2016 年李艳生等人研制出了球形水下机器人 BYSQ3,可作为水下观测平台,该机器人从陆地滚动机器人发展而来,姿态控制灵活,具有两栖运动能力。

近几年,美国波士顿动力公司研制的如图 1-6 所示的 Atlas 机器人可以实现三跳,SpotMini 机器人能够热舞,Handle 机器人能跑、能跳、能搬箱子,而且美军已经开始测试如图 1-7 所示的仿生四足机器人 Bigdog 与士兵协同作战的性能。

图 1-6 Atlas 机器人

图 1-7 Bigdog 机器人

近几年机器人应用产品不断更新,机器人研究机构日益增多,机器人技术的发展趋势可归纳为以下几个方面。

1)向微小型机器人发展

目前,机器人由于内部需安装传感器等必要软件,所以体积和质量一般较大,而一般科学探索往往要求体小、质轻,这样有利于节省能源,降低不必要的能耗,延长机器人的服役时间。

2)结构设计结合仿生学

仿生学主要从结构仿生、材料仿生、控制仿生等方面来研究机器人。虽然目前人类已经研究出部分仿生机器人,但其行走速度与准确性与人类相比还有很大的差距。

3)性能更加可靠

机器人种类多样,其面临的环境也十分复杂,可能是海洋、沙漠乃至外星,因此必须对机器人的针对性、适应性、可靠性等进行设计与规划。

4）控制技术趋于自主

机器人面对的是动态的外部环境,外部环境中环境信息是实时变化的,自主控制避开障碍和危险,安全完成任务是人类制造机器人的初衷,因此控制技术应向更高要求(完全自主)发展。此外,控制技术还将与脑科学、神经科学等学科相结合,以此提高机器人的智能化水平。

5）高智能情感机器人

随着科学技术的发展,具有人类智能的情感移动机器人是机器人未来的发展趋势之一。目前机器人具有部分智能,正处于类人智能机器人研制阶段。类人智能机器人的核心技术是机器人对智能的理解,因而只有人工智能的突破,才能真正实现类人智能机器人。

6）多机器人分散系统

目前多机器人分散系统的研究尚处于理论实验阶段,多机器人系统结构和协作机制、信息交互以及导航等方面是多机器人分散系统的研究重点。

7）基于视觉导航机器人

导航与定位始终是移动机器人的核心技术之一,基于非结构化环境视觉导航是移动机器人导航研究的趋势。

8）特种移动机器人

在不同应用领域,研制各种各样的特种机器人是未来的发展方向,如纳米机器人、手术机器人、助残机器人、军用机器人、服务机器人、娱乐机器人等。

1.2 建模与仿真

数学模型是人们对自然世界的一种抽象理解,它与自然现象具有性能相似的特点,实验、归纳和推演是建立系统模型的重要手段,把物理现象上升到数学模型的理论高度是现代科学发现与技术创新的基础。机器人研究中建立模型在理论上通常使用解析法,它是应用数学推导、演绎去求解数学模型的方法,运用已掌握的理论知识,对所研究的对象进行理论方面的分析、计算及综合。在机器人运动分析中,可应用牛顿第二定律中力与质量和加速度的关系建立机器人的动力学模型,以数学方程来表示运动规律。在机器人控制分析中,建立控制系统模型利用控制理论进行分析,如劳斯提出的稳定性判据,不必求解方程,只需判定一个多项式方程中是否存在位于复平面右半部的正根。

仿真过程主要是指建立仿真模型和进行仿真实验,可分为连续系统的仿真和离散事件系统的仿真两大类。有时也将建立数学模型的方法列入仿真方法,这是因为对于连续系统虽已有一套理论建模和实验建模的方法,但在进行系统仿真时,通常先用经过假设获得的近似模型来检验假设是否正确,必要时修改模型,使它更接近于真实系统。仿真实验得到的数据可信度高于理论模型的分析结果,但低于物理模型实验的测试。随着计算机技术的发展,仿真实验的精度在逐渐提高,已在机器人研究中得到广泛应用。

理论、实验和计算已经成为当今科学研究的三大主要活动,而建模与仿真技术与这三大活动密切相关,从图 1-8 所示的建模与仿真的流程图可以看出,这三者是相互交叉和融合在一起的。建模与仿真技术在机器人的研究活动中占有重要地位,建立机器人模型需要遵循机器人物理理论规律,能够通过实验数据来验证,在建模的基础上又可通过仿真计算分析,输出机器人问题研究的结果。现在机器人的虚拟仿真通常需要在计算机上进行,科学计算中产生的算法效率、数据存储、误差和稳定性等问题,在仿真中依然存在。实验活动可分为物理实验和数字实验,其中数字实验就是利用计算机对虚拟样机进行仿真测量,图 1-9 为球形机器人的虚拟样机的仿真测量。

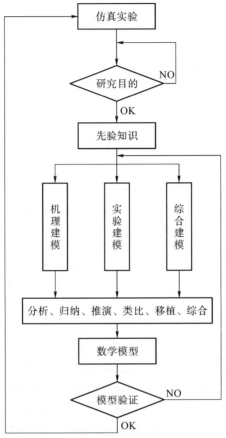

图 1-8　建模与仿真的流程图

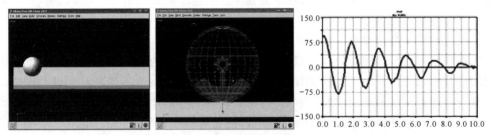

图 1-9　球形机器人虚拟样机和测量曲线

目前,利用商业化的软件进行仿真计算是机器人仿真实验中的主要方法,在机器人的运动和控制建模与仿真方面,最常用的软件主要有两个:一个软件是 Adams（Automatic Dynamic Analysis of Mechanical Systems）,擅长机器人运动学和动力学仿真;另一个软件是 MATLAB,源于 matrix 和 laboratory 两个词的组合,意为矩阵工厂（矩阵实验室）,是一种以科学计算见长的多用途仿真软件,可用于对机器人控制系统进行仿真。

1.3　本书教学安排

本书教学内容主要以移动机器人和臂式机器人两种主流机器人为对象,学习 Adams 和 MATLAB 在机器人仿真中的使用方法,共分为 9 章,具体如下所述。

第 1 章,主要介绍了机器人的定义和发展过程,以及建模与仿真技术的用途和在机器人研究中的重要地位;

第 2 章,主要对移动机器人和臂式机器人进行分类表述,介绍机器人建模需要的基础数学知识,列举几种常见机器人运动建模方法;

第 3 章,介绍基于几何建模的 Adams 软件的仿真原理和操作方法;

第 4 章,应用 Adams 软件对双轮差速驱动的移动机器人和两轮自平衡机器人分别进行了运动学和控制仿真;

第 5 章,应用 Adams 软件对串联型臂式机器人和并联型臂式机器人进行运动学仿真;

第 6 章,介绍 MATLAB 软件的程序设计方法和 Simulink 仿真操作,给出典型系统仿真实例;

第 7 章,介绍 PID 反馈控制原理和反步控制方法,应用 MATLAB 软件进行移动机器人控制仿真;

第 8 章,介绍机器人的控制策略和滑模控制原理,应用 MATLAB 软件进行机械臂控制仿真;

第 9 章,结合 Adams 软件和 MATLAB 软件的优势,进行移动机器人和臂式机器人联合运动控制仿真。

在教学安排上,本书的内容可以通过理论和实验结合的形式进行。在理论课中主要讲述机器人、建模和仿真的重要性,机器人系统的组成和建模方法,以及两个软件的仿真原理和基本操作。在实验课中可让学生在计算机上对书中的机器人建模和仿真实例进行实验操作,对机器人的性能进行仿真分析,并完成实验报告。在课时安排上可根据培养方案分配 32 学时或 40 学时。

1) 分配 32 学时的具体安排

理论 16 学时,第 1 章讲授 2 学时,第 2 章讲授 2 学时,第 3 章讲授 4 学时,第 6 章讲授 4 学时,PID 控制原理讲授 2 学时,滑模控制原理讲授 2 学时。

实验 16 学时,双轮移动机器人 Adams 仿真实验 2 学时,自平衡移动机器人 Adams 仿真实验 2 学时,串联机器臂 Adams 仿真实验 2 学时,并联机器臂 Adams 仿真实验 2 学时,移动机器人控制 MATLAB 仿真实验 2 学时,机械臂控制 MATLAB 仿真实验 2 学时,移动机器人 Adams 和 MATLAB 联合仿真实验 2 学时,机械臂 Adams 和 MATLAB 联合仿真实验 2 学时。

2) 分配 40 学时的具体安排

理论 18 学时,第 1 章讲授 2 学时,第 2 章讲授 2 学时,第 3 章讲授 4 学时,第 6 章讲授 4 学时,移动机器人和臂式机器人反馈控制策略讲授 2 学时,PID 控制原理讲授 2 学时,滑模控制原理讲授 2 学时。

实验 22 学时,双轮移动机器人 Adams 仿真实验 2 学时,自平衡移动机器人 Adams 仿真实验 2 学时,串联机器臂 Adams 仿真实验 2 学时,并联机器臂 Adams 仿真实验 2 学时,移动机器人反馈控制 MATLAB 仿真实验 2 学时,移动机器人反步法控制 MATLAB 仿真实验 2 学时,机械臂 PD 反馈控制实验 2 学时,机械臂滑模控制 MATLAB 仿真实验 2 学时,移动机器人 Adams 和 MATLAB 联合仿真实验 2 学时,机械臂 Adams 和 MATLAB 联合仿真实验 2 学时。

1.4　思考练习题

1. 机器人的定义有哪些?
2. 机器人经历了哪些重要的发展过程?
3. 建模与仿真技术在机器人研究中的作用是什么?

第 2 章　机器人系统与建模基础

机器人系统是一个复杂的先进的机电系统,机器人的设计和制造涉及很多个学科知识,如本体结构的机械工程和力学方面的知识,电动机驱动的控制工程和电子技术方面的知识,以及传感与检测的计算机技术和人工智能方面的知识。机器人技术的发展与其他学科技术的发展密不可分,机器人运动性能影响着机器人整体的工作能力,通过数学的方法对机器人的运动进行描述,是机器人进行运动分析和仿真建模的基础。本章首先对移动机器人系统和臂式机器人系统进行总体介绍,然后给出了机器人运动建模需要的数学知识点,最后应用常用的机器人建模方法,通过典型实例展示了机器人运动学和动力学的建模过程。

2.1　机器人系统

2.1.1　移动机器人系统

1. 系统组成

移动机器人系统通常由四大子系统组成,如图 2-1 所示主要包括人机交互系统、控制系统、机械系统和传感系统。

人机交互系统是人类与机器人进行交流和信息传递的"桥梁",传统的人机交互方式需要预先编写程序并载入控制系统,通过面板屏幕或机械按钮来控制,要求手眼紧密协作,操控复杂烦琐。随着科学技术的发展,现代的人机交互系统与传统的控制方式已经有了很大的不同,控制方式更加灵活方便,甚至不需要控制人员接触机器人机械本体,通过遥控、语音或者图像控制就可以在相

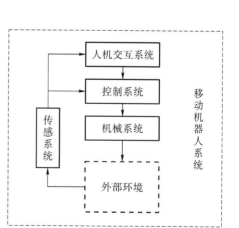

图 2-1　移动机器人的系统组成

对较大的空间范围内对移动机器人下达命令,解放人们的双手,人群适应性好,即使对于老年人和残障人士,现在的人机交互系统也能提供一种良好的控制和显示方式。

控制系统是根据任务规划器、操作者的命令或者传感器反馈的信息来向驱动系统发送执行信号,移动机器人的控制系统通常具有分层结构,以计算机控制技术为核心,底层为实

时控制系统,上层为信息处理和任务决策的规划系统。控制系统要根据移动机器人所要完成的任务,结合移动机器人的本体结构和运动方式来设计,充当机器人的大脑,直接决定了机器人的智能水平和移动能力。

机械系统主要是指移动机器人的机械结构和驱动装置,在移动机器人中的作用相当于人体的骨骼和肌肉,其中机械结构相当于骨骼,而驱动装置就好比肌肉。移动机器人的驱动方式普遍采用电动机驱动,具有清洁、体积小和控制灵活的特点。移动机器人的机械结构主要是移动机器人底盘和移动机构,底盘用来搭载传感器、控制器和移动轮子等配件,移动机构在驱动装置的驱动下实现移动机器人的移动。

传感系统是移动机器人的重要子系统,传感器用来采集机器人自身状态和外部环境的信息,分为内部传感器和外部传感器。如安装在内部的编码器、罗盘和陀螺仪可以用来检测机器人自身方向和速度等状态,而外部的雷达、视觉和声呐可以用来检测机器人所处的环境中障碍物距离、形状和颜色等信息。移动机器人主要采用内部传感器进行自身姿态和移动的控制,而对于自身的形位和环境信息主要用外部传感器获取,提升移动机器人的环境适应能力和自主作业能力。

一种典型工业用移动机器人的系统框架如图 2-2 所示,其人机交互系统由液晶屏和手机终端组成,液晶屏可在机器人本体上实时显示信息,手机终端通过无线网络连接到机器人控制器,操作者通过手机下达的控制命令,进行更深入的交互。其控制系统可由计算机或单片机实现,用来接收、处理和发布各个子系统的信息,而传感系统中的红外传感器起到障碍物探测的作用,磁导航传感器与地面铺设的磁条配合,用来确定机器人行走的导航路径。该移动机器人驱动部分主要通过直流电动机驱动移动机构来执行运动,而电动机的能源来自机械底盘搭载的 24 V 锂电池。

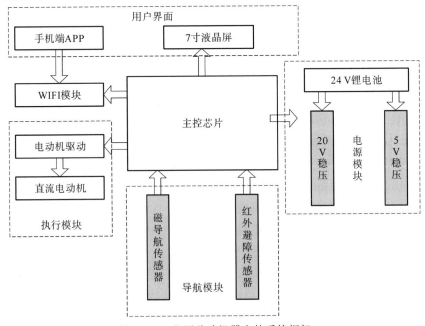

图 2-2　工业用移动机器人的系统框架

2．移动机构

移动机器人的移动机构在机器人系统中占有重要地位,它能够使机器人在不同的环境下实现运动能力,这些运动包括行走、跳跃、滑动、滚动和飞翔等多种形式。移动机器人的移动机构设计大多源于生物学上的启发,如人类的双腿行走、豹子的奔跑、虫子的蠕动和蛇的蜿蜒爬行等,这些运动方式都已经在移动机器人中实现。这其中能够滚动的轮子是最常见的移动机构,在人造平坦的路面上能够高速移动,机械结构简单并且运动效率高,通常轮式移动机器人与地面具有三个接触点,能够保持静态稳定,当然也有单轮移动机器人和双轮移动机器人,通过非线性控制器设计也可以实现动态的稳定移动。

轮式机器人的种类很多,其中四轮移动机器人最为常见,轮子的数量不同或轮子在底盘上安装的相对位置不同,就会组成不同性能和样式的移动机器人。另外即使轮子数量和安装位置相同,但是轮子的类型不同也会组成不同类型的移动机器人,轮子的类型大致可以分为三种,标准轮、小脚轮和瑞典轮,其中最为常见的为标准轮和小脚轮如图 2-3 所示。标准轮的轮子平面通常固定在移动机器人底盘上,但也有轮子除了可以滚动之外,在标准轮基础上增加了一个自由度,既可以改变轮子平面,又可以控制轮子滚动方向。小脚轮通常有两个自由度,并且不需要驱动,其轮子滚动轴与竖直转向轴之间存在偏距,可作为全向轮被动的适应底盘任何方向移动。如图 2-4 所示为四轮移动机器人,通常前轮为转向轮,为了防止转向打滑需要使四个轮子的瞬时转动中心聚焦在一点,汽车的前轮转向使用阿克曼结构解决这一问题。

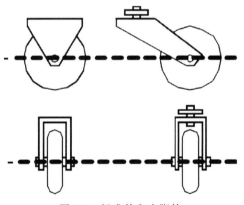

图 2-3　标准轮和小脚轮

图 2-4　四轮移动机器人

瑞典轮在底盘上的安装类似于标准轮,如图 2-5 所示,电动机驱动大轮子沿着轮子平面的中心轴转动,但是瑞典轮在轮子边缘布置很多小滚轮,这些小滚轮不需要电动机驱动,在大轮子转动时,小轮子与地面接触而产生摩擦力,使得小滚轮也在转动,整个瑞典轮的运动方向和速度快慢,受大轮子转动和小滚轮转动的共同影响。通常瑞典轮的小滚轮的滚动轴线与大轮的滚动轴线不会平行分布,因为当两个轴线平行时,两种轮子的滚动运动会互相抵消。如图 2-6 所示为一个安装有四个瑞典轮的全向移动机器人,通过控制四个瑞典轮的大轮转速就可以实现机器人旋转速度和移动速度控制,由瑞典轮驱动的移动机器人是全向机器人。

图 2-5　瑞典轮　　　　　　　　　图 2-6　全向移动机器人

　　轮式移动机器人控制简单且运动效率高,但是一般需要在人造平坦的路面上移动,对不平整的自然地形的通过性较差。除了轮式移动机器人之外,还有仿生的腿式移动机器人也是目前备受关注的一种移动机器人。和轮式移动机器人相比,腿式运动要求更高的自由度,因此机械系统的设计较为复杂,同时腿式机器人的运动效率比轮式移动机器人要低得多,目前有学者研究利用弹簧储能和摆式被动行走来提高腿式机器人的运动效率,但是与生物腿的运动效率还有很大差距。腿式移动机器人虽然结构复杂且运动效率低,但是对于自然地形的通过性比轮子要好得多,其与地面是点接触,行走时可以很容易地跨越洞穴和裂口,甚至在坡地上行走可以保持负重平衡。一般腿结构最少要有两个自由度才能使机器人向前移动,如图 2-7 所示移动机器人的腿机构具有三个自由度,其中包括臀部外展自由度、臀部弯曲自由度和膝盖弯曲自由度,有的腿机构在脚板处增加了一个自由度,可以使脚板与地面之间有足够大的接触面积。图 2-8 为一个具有六条腿的移动机器人,每条腿上有三个自由度,对于具有多条腿的移动机器人在移动控制时,需要事先确定行走的步态规则,并保证移动过程中的静态稳定或动态稳定。

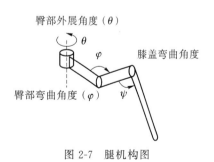

图 2-7　腿机构图

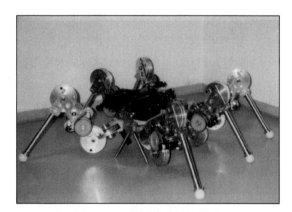

图 2-8　六条腿的移动机器人

　　腿式移动机器人适合在自然地形上行走,但移动效率低,而轮式移动机器人移动效率高,但仅适合在人造平台的地面移动,因此为了取长补短,人们发明了轮腿式移动机器人,既具有腿式移动机器人的越障性能,又可以在平坦路面高效移动。如图 2-9 所示为轮腿式移动机器人的越障示意图,轮子安装在腿式机构的下端,当遇到障碍时通过抬腿动作来跨越,无障碍时使用轮子进行移动。如图 2-10 为一种外星探测移动机器人,其移动机构运动原理采用的就是将轮子与腿相结合来提高轮式移动机器人的越障能力。

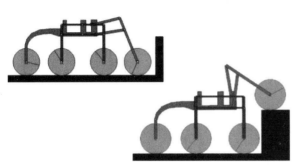

图 2-9　越障示意图　　　　　　　　　　　　　图 2-10　外星探测移动机器人

2.1.2　臂式机器人系统

1. 系统结构和构型

臂式机器人发展得益于在工业上的广泛应用,针对臂式机器人美国机器人学会给出工业机器人的一种定义:一种可编程的多功能操作机,用于移动材料、零件、工具等,或者一个通过各种编程动作来完成各种任务的专用装置。我国机器人领域的开拓者蒋新松院士也给出机器人一种定义:机器人是一种拟人功能的机械电子装置。机器人作为一种自动化的机器,所不同的是这种机器具备一些与人或生物相似的智能能力,如感知能力、规划能力、动作能力和协同能力,是一种具有高度灵活性的自动化机器。

根据定义可以总结出机器人具有以下三个特点。

(1) 拟人功能:模仿人或动物肢体动作的机器,能像人那样使用工具的机械。

(2) 可编程:机器人具有智力或感觉与识别能力,可随工作环境变化的需要而编程。

(3) 通用性:在执行不同作业任务时,具有较好的通用性。

臂式机器人的系统组成结构与移动机器人系统类似,都是高度集成的机电一体化系统,如图 2-11 所示,从控制角度可将臂式机器人系统划分为传感子系统、控制子系统、驱动子系统和机械执行装置四大部分。其中传感子系统又划分为用于自身位姿控制的内部传感器和感知环境的外部传感器两部分;控制子系统一般采用总从两级控制形式,上级处理器负责路径规划和机器人运动学解算,下级是由多个并联的关节伺服控制器组成;驱动子系统按驱动方式可以划分为液压驱动、气压驱动和电动机驱动三种形式,液压驱动推力大,气压驱动快速方便,而电动机驱具有体积小和控制灵活的特点,目前臂式机器人大多采用电动机驱动的方式。

在臂式机器人系统中机械执行装置是其核心组成部分,传感、控制和驱动都是围绕着执行装置来进行设计和配置,其运动执行能力直接决定其工作任务的完成情况。工业上通用

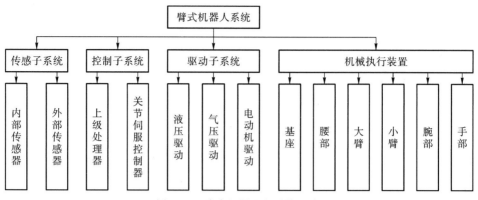

图 2-11 臂式机器人的系统组成

的垂直关节型臂式机器人如图 2-12 所示,一般具有六个自由度,其机械执行部分包括固定在地面的基座、带回转关节 J_1 的腰部、带弯曲关节 J_2 的大臂、带弯曲关节 J_3 的小臂、带三个转动关节 J_{4-6} 的腕部和可拆卸的手部构成,执行机构具体示意如图 2-13 所示。

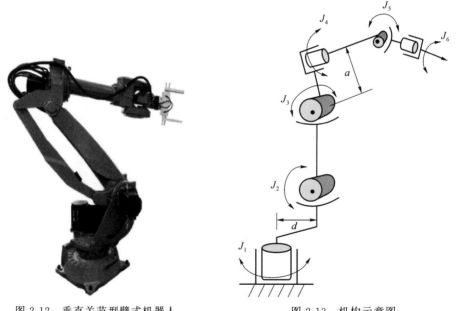

图 2-12 垂直关节型臂式机器人   图 2-13 机构示意图

    机器人腕部结构相对复杂,一般有 2～3 个自由度,用来连接机械臂和末端执行器,并决定末端执行器在空间里的姿态,腕部结构设计要紧凑和质量小,并且各运动轴通常采用独立传动。如图 2-14 所示的一个六自由度垂直多关节型机械臂腕部的机构原理图,驱动手腕的三个电动机后置,每个电动机分别驱动一个关节,通过中空轴、实心轴、同步带和锥齿轮进行传动,腕部安装在小臂的末端,通常采用 RBR 型结构。

    目前工业上应用的臂式机器人除了垂直关节型的构型外,常见的还有水平多关节型、直角坐标型、圆柱坐标型、极坐标型和并联型的机器人。水平多关节型机器人具有平行的肩关

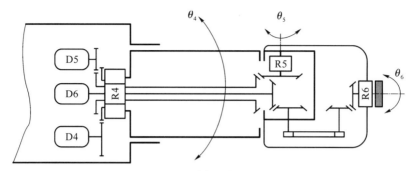

图 2-14　腕部机构原理图

节和肘关节,且关节在水平面转动,一般有 4 个自由度,机器人如图 2-15 所示。水平多关节型机器人在垂直平面内具有很好的刚度,在水平面内具有较好的柔顺性、动作灵活、定位精度高的优点,常用于装配,又被称为 SCARA 型机器人,运动速度可达 10 m/s,比一般关节型机器人快数倍。直角坐标型机器人具有三个移动关节,如图 2-16 所示,作业空间为正方体,三个关节不存在运动耦合,具有结构简单、定位精度高、运动直观、稳定性好的优点,适用于大负荷搬送,但具有占地面积大、惯性大、灵活性差的缺点。

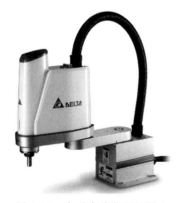

图 2-15　水平多关节型机器人

图 2-16　直角坐标型机器人

圆柱坐标型机器人如图 2-17 所示,具有一个转动关节和两个移动关节,作业空间是圆柱体,具有结构简单、运动直观、占地面积小和价廉的特点。极坐标机器人如图 2-18 所示,具有一个转动关节、一个俯仰关节和一个移动关节,作业空间是球体,具有动作灵活且占地面积小的优点,但具有结构复杂、定位精度低、运动直观性差的缺点。如图 2-19 所示,并联机器人与串联型机器人构型不同,是一种闭链式结构,具有高刚度、高精度、响应速度快和结构简单的优点,但具有工作空间小和控制复杂的缺点。

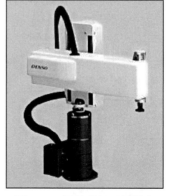

图 2-17　圆柱坐标型机器人

图 2-18　极坐标机器人

图 2-19　并联机器人

2. 减速器和技术参数

　　臂式机器人中减速器用来增大电动机输出扭矩,通常安装在电动机传动链末端,用来驱动臂杆负载,是机器人机械系统中关键的零部件,通常选用谐波减速器或摆线针轮减速器。如图 2-20 所示,谐波减速器主要包括刚轮、柔轮和谐波发生器三个零件,刚轮是有刚性的不可形变的内齿型齿轮,而柔轮是薄壳形元件,具有弹性的外齿型齿轮,可随着内部波发生器转动,柔轮的外环作椭圆形变形运动,谐波发生器通常为椭圆形凸轮,其旋转起来后会对周围的柔轮造成周期性的波状挤压力。当谐波发生器装入柔轮后,迫使柔轮的剖面从原始的圆形变为椭圆形,柔轮长轴两端附近的齿与刚轮的齿完全啮合,其余不同区段内的齿,有的处于啮入状态,有的处于啮出状态。当谐波发生器连续转动时,柔轮的变形部位也随之转动,使柔轮的齿依次进入啮合,然后再依次退出啮合,从而实现啮合传动。

　　如图 2-21 所示,摆线针轮减速器又称 RV 减速器,是 20 世纪 80 年代日本研制用于机器人关节的传动装置,可分为输入、减速和输出三部分,在输入轴上装有一个错位 180°的双偏心套,在偏心套上装有两个滚柱轴承,形成 H 机构,两个摆线轮的中心孔即为偏心套上转臂轴承的滚道,并由摆线轮与针齿壳上一组环行排列的针齿销相啮合,以组成少齿差内啮合减速机构。当输入轴带着偏心套转动一周时,由于摆线轮上齿廓曲线的特点及其受针齿壳上针齿销限制之故,摆线轮的运动成为有公转又有自转的平面运动,在输入轴正转一周时,偏心套亦转动一周,摆线轮于相反方向转过一个齿差从而得到减速。

图 2-20　谐波减速器

图 2-21　摆线针轮减速器

　　谐波减速器具有结构简单、体积小和重量轻的特点,单级谐波减速器传动比在 50～300 之间,传动比范围大,运动精度高和承载能力大,与相同精度的普通齿轮相比,由于多齿啮合的运动精度能提高四倍左右,受载能力也大大提高,运动平稳、无冲击、噪声小。摆线针轮减速器传动比范围大约在 31～171 之间,低于谐波齿轮减速器,但其刚度大和抗冲击能力强,刚性零件的承载能力大于谐波齿轮减速器,传动效率高。因此,摆线针轮减速器长期使用不需再加润滑剂,具有寿命长、刚度好、减速比大、低振动、高精度、保养便利等优点,但缺点是质量大,外形尺寸较大,而谐波减速器的优点是质量较小、外形尺寸较小、减速比范围大、精度高、但刚性较差。因此六自由度的臂式机器人设计中通常在前三个关节选择摆线针轮减速器,而在后三个关节选择谐波减速器。

　　在进行臂式机器人选型或设计时,首先需要根据任务需求确定技术参数,其中最主要的技术参数包括自由度数、精度、工业范围、工作速度和承载能力几个方面。其中自由度数是指机器人有独立坐标轴运动的数目,一般以沿轴线的移动和绕轴转动的独立运动数来表示(末端执行器的动作不包括在内),通常为了灵活控制机器人末端的位置和姿态需要有 6 个自由度,即 3 轴平动和 3 轴转动,大于 6 个自由度的机械臂一般具有冗余自由度,可回避障碍物,机械臂的自由度是表示机器人动作灵活程度的参数,自由度越多越灵活,工业机器人的自由度一般在 3～6 个之间。

　　如图 2-22 所示的精度示意图,精度技术参数包括定位精度和重复定位精度,定位精度表示实际位置与目标位置的差异,又称绝对精度,而重复定位于同一目标的能力,是一个统计平均值。机器人不可能每次都能准确到达同一点,但应该在以该点为圆心的一个圆区范围内,该圆的半径是由一系列重复动作形成的,这个半径即为重复定位精度。重复定位精度比定位精度更为重要,这个误差是可以预测的,可以通过编程予以校正,机器人的精度一般用重复定位精度来表示。工业机器人具有绝对精度低,重复精度高的特点,例如 ABB IRB140 机器人绝对精度为 ±0.2 mm,而重复精度可达到 ± 0.05 mm。

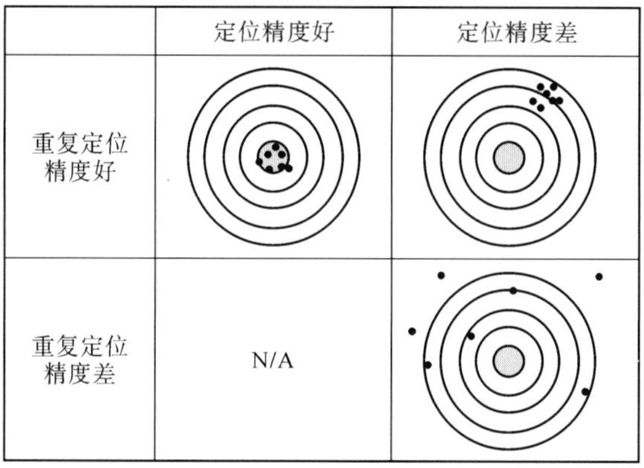

图 2-22　精度示意图

　　机器人的工作范围、工作速度和承载能力与机器人工作能力密切相关。工作范围是指机器人手臂末端或手腕中心所能到达的所有点的集合,其大小不仅受机械臂的尺寸影响,还与机械臂的构型有关。工作速度一般是手臂末端的最大合成速度,有的机器人速度参数也指主要关节的最大稳定速度。机械臂的承载能力在规定的性能范围内,能承受负载的允许值,考虑到动力学和安全问题,该项技术参数一般是指在最大速度和最大加速度条件下的承载能力。

2.2 机器人建模基础

2.2.1 数学基础

1. 姿态矩阵

将空间刚体与一动坐标系固连,刚体位置可用动坐标系的原点在全局坐标系下的坐标来表示,而刚体的姿态需要姿态矩阵来描述,姿态矩阵用来表示两个坐标系之间的角度关系。如图 2-23 所示全局坐标系定义为 $O\text{-}xyz$ 坐标系,而与刚体固连的动坐标系定义为 $O'\text{-}x_b y_b z_b$ 坐标系。

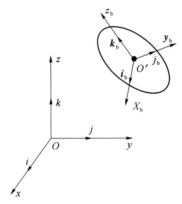

图 2-23　坐标系定义

图 2-23 中的动坐标系的原点坐标为 (x_0, y_0, z_0),而动坐标系相对全局坐标系的姿态矩阵可用矩阵(2-1)来表示,其中 $i \cdot i_b = |i||i_b|\cos\alpha = \cos\alpha$ 表示坐标系单位矢量的方向余弦,也可称为矢量的点积或坐标值或投影。

$$\boldsymbol{R} = \begin{pmatrix} i \cdot i_b & i \cdot j_b & i \cdot k_b \\ j \cdot i_b & j \cdot j_b & j \cdot k_b \\ k \cdot i_b & k \cdot j_b & k \cdot k_b \end{pmatrix} \tag{2-1}$$

姿态矩阵又称旋转矩阵,$\boldsymbol{R}$ 是单位正交阵,根据其性质可以写出含有矩阵元素的 6 个联立方程。

2. 变换矩阵

在全局固定坐标系下,动坐标系原点的位置矢量可表示为

$$\boldsymbol{oo}' = x_0 i + y_0 j + z_0 k = (i \quad j \quad k) \begin{pmatrix} x_0 \\ y_0 \\ z_0 \end{pmatrix} \tag{2-2}$$

动坐标系轴的单位矢量可通过对全局坐标系轴的单位矢量投影表示,具体如下:

$$i_b = (i,j,k) \begin{pmatrix} i \cdot i_b \\ j \cdot i_b \\ k \cdot i_b \end{pmatrix} \tag{2-3}$$

$$j_b = (i,j,k) \begin{pmatrix} i \cdot j_b \\ j \cdot j_b \\ k \cdot j_b \end{pmatrix} \tag{2-4}$$

$$k_b = (i,j,k) \begin{pmatrix} i \cdot k_b \\ j \cdot k_b \\ k \cdot k_b \end{pmatrix} \tag{2-5}$$

将其组合成矩阵的形式,可以得出两个坐标系轴的单位矢量之间的关系可用旋转矩阵 R 来描述:

$$[i_b,j_b,k_b] = [i,j,k] \begin{pmatrix} i \cdot i_b & i \cdot j_b & i \cdot k_b \\ j \cdot i_b & j \cdot j_b & j \cdot k_b \\ k \cdot i_b & k \cdot j_b & k \cdot k_b \end{pmatrix} \tag{2-6}$$

如图 2-24 所示的关系矢量图,点 P 在动坐标系下的坐标为 (x_b,y_b,z_b),在全局固定坐标系下的坐标为 (x,y,z),根据矢量加法可得到式(2-7)得到的坐标系变换方程。

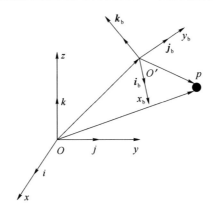

图 2-24　矢量关系图

$$(i,j,k) \begin{pmatrix} x \\ y \\ z \end{pmatrix} = op$$
$$= oo' + o'p \tag{2-7}$$
$$= (i,j,k) \begin{pmatrix} x_0 \\ y_0 \\ z_0 \end{pmatrix} + (i_b,j_b,k_b) \begin{pmatrix} x_b \\ y_b \\ z_b \end{pmatrix}$$

带入式(2-6)得变换方程

$$\begin{pmatrix} x \\ y \\ z \end{pmatrix} = \begin{pmatrix} i \cdot i_b & i \cdot j_b & i \cdot k_b \\ j \cdot i_b & j \cdot j_b & j \cdot k_b \\ k \cdot i_b & k \cdot j_b & k \cdot k_b \end{pmatrix} \begin{pmatrix} x_b \\ y_b \\ z_b \end{pmatrix} + \begin{pmatrix} x_0 \\ y_0 \\ z_0 \end{pmatrix} \tag{2-8}$$

进一步整理写成矢量形式为

$$X = RX_b + X_0$$

令 $X = (x, y, z, 1)^T$，$X_b = (x_b, y_b, z_b, 1)^T$，将变换方程整理成如下形式：

$$X = TX_b$$

式中，T 就是齐次变换矩阵，具体形式为

$$T = \begin{pmatrix} R & X_0 \\ 0 & 1 \end{pmatrix} \tag{2-9}$$

可见齐次变换矩阵是由姿态矩阵和位置向量组成，用来表示两个坐标系之间点坐标值的变换。

3. 欧拉角

姿态矩阵 R 的 9 个元素中，只有 3 个独立元素，用它来作矩阵运算算子或矩阵变换时非常方便，但用来表示方位有时不太方便，所以也用欧拉角来表示机器人在空间的方位。根据

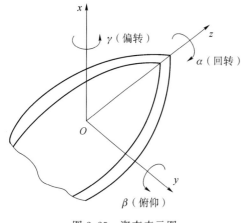

图 2-25 姿态表示图

欧拉角的定义，任何一个方位都可通过绕坐标轴旋转 3 次得到，常用的欧拉角有绕固定坐标系 x-y-z 顺序旋转，或绕动坐标系 x-y-z 轴顺序旋转，或绕动坐标系 z-y-z 轴顺序旋转，其中第一种旋转顺序又称为 RPY 角。RPY 角是描述船舶在大海中航行或飞机在空中飞行时姿态的一种方法，将船的行驶方向取为 z 轴，则绕 z 轴的旋转（α 角）称为滚动（Roll），将船体的横向取为 y 轴，则绕 y 轴的旋转（β 角）称为俯仰（Pitch），而把船体的垂直方向取为 x 轴，将绕 x 轴的旋转（γ 角）称为偏转（Yaw），姿态表示如图 2-25 所示。

在欧拉角表示方位过程中，当旋转绕固定坐标系进行，则可将变换矩阵在左边相乘，若旋转绕动坐标系进行，则可将变换矩阵在右边相乘。如绕固定坐标系 x-y-z 顺序旋转和绕动坐标系 z-y-x 轴顺序旋转最终表示的姿态是一样的，可用式（2-10）表示。

$$
\begin{aligned}
\text{RPY}(\gamma, \beta, \alpha) &= \text{Euler}(\alpha, \beta, \gamma) \\
&= \text{Rot}(z, \alpha)\text{Rot}(y, \beta)\text{Rot}(x, \gamma) \\
&= \begin{pmatrix} \cos\alpha & -\sin\alpha & 0 & 0 \\ \sin\alpha & \cos\alpha & 0 & 0 \\ 0 & 0 & 1 & 0 \\ 0 & 0 & 0 & 1 \end{pmatrix} \begin{pmatrix} \cos\beta & 0 & \sin\beta & 0 \\ 0 & 1 & 0 & 0 \\ -\sin\beta & 0 & \cos\beta & 0 \\ 0 & 0 & 0 & 1 \end{pmatrix} \begin{pmatrix} 1 & 0 & 0 & 0 \\ 0 & \cos\gamma & -\sin\gamma & 0 \\ 0 & \sin\gamma & \cos\gamma & 0 \\ 0 & 0 & 0 & 1 \end{pmatrix}
\end{aligned}
\tag{2-10}
$$

2.2.2 建模方法

1. 轮式机器人运动学建模

机器人的运动建模方面的内容，两轮差速驱动的移动机器人运动学模型是最为简单的，

如图 2-26 所示假设轮子半径为 r,轮子间的距离为 $2l$,轮轴的中点为 P 点,设移动机器人移动速度为 v,平面上运动的转速为 $\dot{\theta}$,两个轮子的转速分别为 $\dot{\varphi}_1$ 和 $\dot{\varphi}_2$,则根据速度矢量法可得关系式(2-11)。

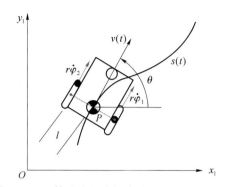

图 2-26　两轮差速驱动的移动机器人运动学模型

$$\begin{cases} r\dot{\varphi}_1 = v + l\dot{\theta} \\ r\dot{\varphi}_2 = v - l\dot{\theta} \end{cases} \tag{2-11}$$

进一步推到可得出代表机器人运动速度速度 v 和转速 $\dot{\theta}$ 与两个轮子转数之间的函数关系如下:

$$\begin{cases} v = \dfrac{r(\dot{\varphi}_1 + \dot{\varphi}_2)}{2} \\ \dot{\theta} = \dfrac{r(\dot{\varphi}_1 - \dot{\varphi}_2)}{2l} \end{cases} \tag{2-12}$$

设移动机器人的本体坐标系和全局坐标系的定义如图 2-27 所示,其中 X_R 和 Y_R 表示本体坐标系的坐标轴,P 为本体坐标系原点,X_I 和 Y_I 表示全局坐标系的坐标轴。

由于轮子转动不会产生横移速度,所以在本体坐标系的 Y_R 方向速度为零,根据式(2-12)可得出本体坐标系下移动机器人的速度表达式:

$$\begin{pmatrix} \dot{X}_R \\ \dot{Y}_R \\ \dot{\theta} \end{pmatrix} = \begin{pmatrix} \dfrac{r(\dot{\varphi}_1 + \dot{\varphi}_2)}{2} \\ 0 \\ \dfrac{r(\dot{\varphi}_1 - \dot{\varphi}_2)}{2l} \end{pmatrix} \tag{2-13}$$

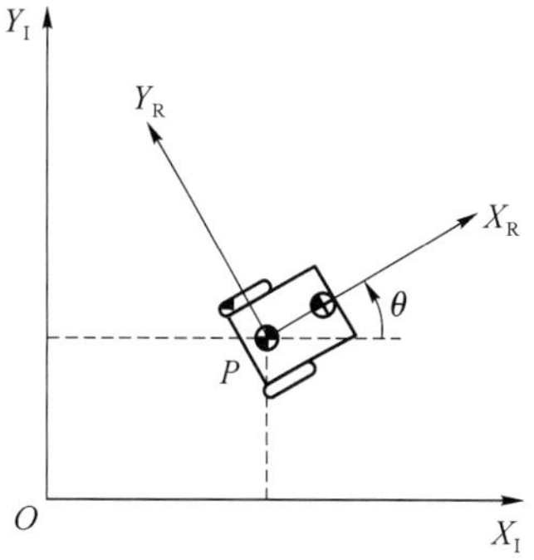

图 2-27　本体坐标系表示

将速度变换到全局坐标系下时可以使用旋转矩阵求取,由旋转矩阵的定义可知当坐标系绕坐标轴 z 旋转时旋转矩阵可以写成如下形式:

$$R(\theta) = \begin{pmatrix} \cos\theta & -\sin\theta & 0 \\ \sin\theta & \cos\theta & 0 \\ 0 & 0 & 1 \end{pmatrix}$$

将本体坐标系下的速度矢量描述变换到全局坐标系下的速度矢量描述，矢量的大小和方向不变，相当于两坐标系原点重合，矢量端点的本体坐标系下坐标在全局坐标系下的表示，使用齐次变换成可得

$$\begin{pmatrix} \dot{X}_I \\ \dot{Y}_I \\ \dot{\theta}_I \end{pmatrix} = R(\theta) \begin{pmatrix} \dot{X}_R \\ \dot{Y}_R \\ \dot{\theta} \end{pmatrix} = \begin{pmatrix} \cos\theta & -\sin\theta & 0 \\ \sin\theta & \cos\theta & 0 \\ 0 & 0 & 1 \end{pmatrix} \begin{pmatrix} \dfrac{r(\dot{\varphi}_1 + \dot{\varphi}_2)}{2} \\ 0 \\ \dfrac{r(\dot{\varphi}_1 - \dot{\varphi}_2)}{2l} \end{pmatrix} \quad (2\text{-}14)$$

综上所述推导出了双轮差速驱动的移动机器人在全局坐标系下底盘速度与轮子转动的运动学模型(2-14)，建模采用了速度矢量叠加方法。

2. 臂式机器人运动学建模

臂式机器人的建模通常采用 Denavit 和 Hartenberg 于 1955 年提出了一种为关节链中的每一个杆件建立坐标系的矩阵方法，即 D-H 参数法，先把一系列的坐标系建立在连接连杆的关节上，用齐次坐标变换来描述这些坐标系之间的相对位置和方向，从而建立起机器人的运动学方程。因此采用此方法建模前要先建立坐标系，坐标系定义如下：

（1）z_i 坐标轴沿 i 关节的轴线方向；

（2）x_i 坐标轴沿 z_i 和 z_{i+1} 轴的公垂线，且指向离开 z_i 轴的方向；

（3）y_i 坐标轴的方向由右手法则定义。

串联臂式机器人每个杆件最多与两个关节相连，如图 2-28 所示连杆形态参数示意图，第 $i-1$ 个连杆与关节轴 A_{i-1} 和 A_i 相连。由运动学的观点来看，杆件的作用仅在于它能保持其两端关节间的形态不变，这种形态由两个参数决定，一是杆件的长度 l_{i-1}，另一个是杆件的连杆的扭角 α_{i-1}，其中 l_{i-1} 定义为关节 A_{i-1} 轴和 A_i 轴线公法线的长度，α_{i-1} 定义为关节 $i-1$ 轴线与 i 轴线在垂直于 l_i 平面内的夹角。如图 2-29 所示的杆件相对位置关系图，确定杆件相对位置关系由另外两个参数决定，一个是杆件的距离 d_i，另一个是杆件的回转角 θ_i，d_i 定义为从公垂线 l_{i-1} 与关节轴 $i-1$ 交点到公垂线 l_i 与关节轴 i 交点的有向距离，θ_i 定义为 l_{i-1} 延长线与 l_i 之间绕关节轴 i 旋转所形成的夹角。综上所述，四个 D-H 参数分别为连杆长度 l_{i-1}、连杆扭角 α_{i-1}、连杆距离 d_i 和连杆转角 θ_i。

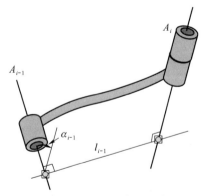
图 2-28　连杆形态参数示意图

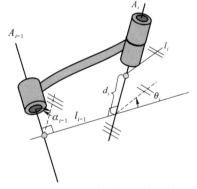
图 2-29　杆件相对位置关系图

建立坐标系和确定参数后，要建立相邻关节坐标系的其次变换矩阵，具体变换过程如下所示：

（1）绕 x_{i-1} 轴转 α_{i-1} 角度，使 z_{i-1} 轴与 z_i 轴平行；

（2）沿 x_{i-1} 轴平移距离 l_{i-1}，使 z_{i-1} 轴与 z_i 轴重合，使两坐标系原点及 x 轴重合；

（3）绕 z_i 轴转 θ_i 角度，使 x_{i-1} 轴其与 x_i 轴平行；

（4）沿 z_i 轴平移距离 d_i，两坐标系完全重合。

按照上述变换过程可将相邻关节坐标系写成齐次变换矩阵的形式：

$$
\begin{aligned}
{}^{i-1}\boldsymbol{T}_i &= R_x(\alpha_{i-1})D_x(l_{i-1})R_z(\theta_i)D_z(d_i) \\
&= \begin{pmatrix}
\cos\theta_i & -\sin\theta_i & 0 & l_{i-1} \\
\sin\theta_i c\alpha_{i-1} & \cos\theta_i c\alpha_{i-1} & -\sin\alpha_{i-1} & -\sin\alpha_{i-1}d_i \\
\sin\theta_i s\alpha_{i-1} & \cos\theta_i s\alpha_{i-1} & \cos\alpha_{i-1} & \cos\alpha_{i-1}d_i \\
0 & 0 & 0 & 1
\end{pmatrix}
\end{aligned} \tag{2-15}
$$

最后将相邻齐次变换矩阵连乘得到表示机械臂末端连杆坐标系和世界坐标系的总的齐次变换矩阵：

$$
{}^0\boldsymbol{T}_i = {}^0\boldsymbol{T}_1\,{}^1\boldsymbol{T}_2\cdots\,{}^{i-1}\boldsymbol{T}_i \tag{2-16}
$$

对于一个六连杆的机器人，机器人的末端（即连杆坐标系 6）相对于固定坐标系的变换可表示为

$$
{}^0\boldsymbol{T}_6 = \boldsymbol{T}_1\boldsymbol{T}_2\boldsymbol{T}_3\boldsymbol{T}_4\boldsymbol{T}_5\boldsymbol{T}_6
$$

通过建立的变换矩阵建立齐次变换方程，就可得出机械臂末端的位置和姿态，即串联型臂式机器人的运动学方程。

图 2-30 所示是一个平面三自由度的机械臂坐标系建立 D-H 参数，根据式（2-15）和式（2-16）很容易得出运动学方程，机械臂末端的位姿是以连杆转角为变量的函数。

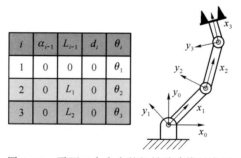

图 2-30　平面三自由度的机械臂建模示意图

3. 臂式机器人动力学建模

机器人是一个非线性、复杂的动力学系统，在机器人动态实时控制系统中，必须分析其动力学特性，因此要建立动力学方程，常用的方法是牛顿-欧拉（Newton-Euler）法和拉格朗日（Langrange）法。

拉格朗日（Langrange）法不仅能以最简单的形式求得复杂系统动力方程，而且具有显式结构，物理意义比较明确，对于任何机械系统，拉格朗日函数 L（又称拉格朗日算子）定义为系统总动能 E_k 与总势能 E_p 之差，即

$$
L = E_k - E_p \tag{2-17}
$$

拉格朗日方程具体表达式为

$$\boldsymbol{F}_i = \frac{\mathrm{d}}{\mathrm{d}t}\left(\frac{\partial L}{\partial \dot{q}_i}\right) - \frac{\partial L}{\partial q_i} \tag{2-18}$$

式中，$\boldsymbol{F}_i$ 是作用在第 i 个关节上的广义驱动力，q_i 是系统选定的广义关节变量。

将式(2-17)带入式(2-18)，拉格朗日方程可写为

$$\boldsymbol{F}_i = \frac{\mathrm{d}}{\mathrm{d}t}\frac{\partial E_\mathrm{k}}{\partial \dot{q}_i} - \frac{\partial E_\mathrm{k}}{\partial q_i} + \frac{\partial E_\mathrm{p}}{\partial q_i} \tag{2-19}$$

下面利用拉格朗日方程对如图 2-31 所示的 2R 平面关节机器人进行动力学建模，连杆 1 和连杆 2 的关节变量分别是转角 θ_1 和 θ_2，关节 1 和关节 2 相应的力矩是 τ_1 和 τ_2。

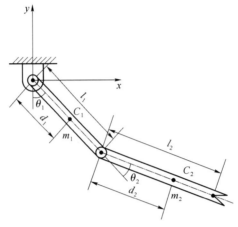

图 2-31　2R 平面关节机器人示意图

机械臂的动能为

$$E_{k1} = \frac{1}{2}m_1 d_1^2 \dot{\theta}_1^2$$

$$E_{k2} = \frac{1}{2}m_2 l_1^2 \dot{\theta}_1^2 + \frac{1}{2}m_2 d_1^2 (\dot{\theta}_1 + \dot{\theta}_2)^2 + m_2 l_2 d_2 (\dot{\theta}_1^2 + \dot{\theta}_1 \dot{\theta}_2)\cos\theta_2$$

机械臂的势能为

$$E_{p1} = m_1 g d_1$$

$$E_{p2} = m_2 g l_1 (1 - \cos\theta_1) + m_2 g d_2 (1 - \cos\theta_{12})$$

拉格朗日函数为

$$\begin{aligned}
L &= E_k - E_p \\
&= \frac{1}{2}(m_1 d_1^2 + m_2 l_1^2)\dot{\theta}_1^2 + m_2 l_1 d_2 (\dot{\theta}_1^2 + \dot{\theta}_1 \dot{\theta}_2)\cos\theta_2 + \frac{1}{2}m_2 d_2^2 (\dot{\theta}_1 + \dot{\theta}_2)^2 - \\
&\quad (m_1 d_1 + m_2 l_1)g(1 - \cos\theta_1) - m_2 g d_2 (1 - \cos\theta_{12})
\end{aligned}$$

系统动力学方程为

$$\tau_1 = \frac{\mathrm{d}}{\mathrm{d}t}\frac{\partial L}{\partial \dot{\theta}_1} - \frac{\partial L}{\partial \theta_1}$$

$$\tau_2 = \frac{\mathrm{d}}{\mathrm{d}t}\frac{\partial L}{\partial \dot{\theta}_2} - \frac{\partial L}{\partial \theta_2}$$

带入拉格朗日函数得

$$\tau_1 = (m_2 d_2^2 + m_2 l_1 d_2 \cos\theta_2)\,\ddot{\theta}_1 + m_2 d_2^2\,\ddot{\theta}_2 +$$
$$(-m_2 l_1 d_2 \sin\theta_2 + m_2 l_1 d_2 \sin\theta_2)\,\dot{\theta}_1\,\dot{\theta}_2 + (m_2 l_1 d_2 \sin\theta_2)\,\dot{\theta}_1^2 + m_2 g d_2 \sin\theta_{12}$$

$$\tau_2 = (m_2 d_2^2 + m_2 l_1 d_2 \cos\theta_2)\,\ddot{\theta}_1 + m_2 d_2^2\,\ddot{\theta}_2 +$$
$$(-m_2 l_1 d_2 \sin\theta_2 + m_2 l_1 d_2 \sin\theta_2)\,\dot{\theta}_1\,\dot{\theta}_2 + (m_2 l_1 d_2 \sin\theta_2)\,\dot{\theta}_1^2 + m_2 g d_2 \sin\theta_{12}$$

从上面推导可以看出,很简单的二自由度平面关节型机器人的动力学方程已经很复杂,包含了很多因素,这些因素都在影响机器人的动力学特性。对于比较复杂的多自由度机器人,其动力学方程更庞杂,但是都可以统一表示成如下形式:

$$\tau = D(q)\,\ddot{q} + h[q,\dot{q}] + G(q) \tag{2-20}$$

2.3　本章小结

通过本章对机器人系统和数学建模基础的介绍,可以掌握移动机器人的系统组成,主要包括人机交互子系统、控制子系统、机械子系统和传感子系统四部分,并且阐述了典型的轮式和腿式移动机器人的运动原理和移动机构。在臂式机器人系统中着重介绍了机器人的构型和系统参数,以及关键零部件谐波减速器和摆线针轮减速器的工作原理和性能特点。在建模基础中重点介绍了姿态矩阵和齐次变换方程,这是运动学建模的数学基础,针对位姿表示也介绍了常用的欧拉角方法。在机器人的建模方法中先以两轮差速驱动的移动机器人为例,用矢量叠加法建立了运动学方程,然后在臂式机器人建模时介绍了 D-H 参数法,给出了串联型臂式机器人运动学建模的一般过程,最后讲解了臂式机器人的拉格朗日动力学建模方法,为后面的运动和控制仿真提供了理论基础。

2.4　思考练习题

1. 机器人常用的传感器有哪些,各有什么用途?
2. 姿态矩阵的逆矩阵有何简便的方法求取?
3. 尝试应用牛顿-欧拉法进行 2R 机械臂动力学建模。

第3章　Adams 仿真原理与基本操作

前面章节介绍了机器人的基础知识和理论建模方法,本章将对 Adams 虚拟仿真软件进行介绍,包括多刚体动力学方面的基础理论,软件的常用模块、求解方法和软件的基本操作命令,通过本章的学习,可以为后面移动机器人和臂式机器人的运动仿真打下基础。Adams 软件擅长多体的动力学仿真,关于机器人动力学方面的问题都可以通过仿真来研究和分析,并且 Adams 是通过几何模型的方式建模,使得机器人机械系统设计人员更容易建立仿真模型,并且该软件仿真过程具有可视化方面的优势。

3.1　Adams 仿真原理

3.1.1　多刚体动力学

1. 基本概念

Adams 即机械系统动力学自动分析(Automatic Dynamic Analysis of Mechanical Systems),该软件是美国机械动力公司(Mechanical Dynamics Inc.)(现已并入美国 MSC 公司)开发的虚拟样机分析软件。从名字组成就可以看出该软件主要是进行机械系统的动力学仿真分析,而机械系统大部分都可以拆解成多个刚体,机械系统的动力仿真也可认为是多刚体动力学仿真。多刚体(MBD)系统是一个由刚体或连接组成的系统,通过接头相互连接在一起,限制其相对运动。

图 3-1　踢足球的机器人

多体系统研究内容可以分为两类问题:一类问题,可以表示为分析机械系统在力的作用下如何运动,也称其为正动力学(Forward Dynamics);另一类问题,即机械系统运动所需特定的力是已知的,主要求解系统的运动状态,又称为逆动力学(Inverse Dynamics)。后者在机器人动力学分析领域尤为重要,这是因为这些领域需要对系统的运动状态进行精确的控制。在进行多体系统仿真分析时,既需要对多体系统理论有一定深度的理解,又需要对复杂机械系统的实际仿真工具和方法进行详细了解。如图 3-1 所示踢足球的机器人的机械系统就是多体系统,包括头部、臂部、身体、腿部和脚等。

2．基本术语

多体系统在经典力学基础上已经发展成为新的力学分支,机械系统的动力学仿真通常可以被用来研究系统各个刚体的位移、速度、加速度与其所受力或者力矩的关系。而多体动力学仿真则需要将机械系统建成由一系列的刚性体和柔性体模型,动力学系统约束关系如图 3-2 所示,通过静连接和运动副建立它们相互之间的约束关系而形成完整的动力学系统,其中运动副主要是约束各个刚体之间的相对运动关系。多刚体动力学模型的建立需要对物理模型进行受力分析,进而得到力学模型,主要由物体、铰、力元和外力等要素组成并具有一定拓扑构型的系统。拓扑构型是多体系统中各物体的联结方式,简称拓扑。任意两个物体之间的通路唯一且不存在回路的系统称为树系统,而存在回路的系统称为非树系统。在多体系统中的构件被定义为物体,在计算多体系统动力学中,物体区分为刚性体(刚体)和柔性体(柔体)。刚体和柔体是对机构零件的模型化,刚体定义为质点间距离保持不变的质点系,柔体定义为考虑质点间距离变化的质点系。

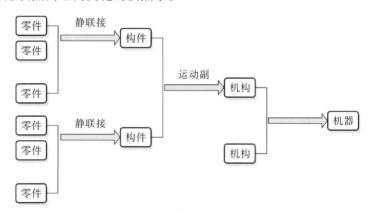

图 3-2　动力学系统约束关系图

除此之外在多体动力学建模过程中,还需要用到一些基本术语,如下所述。

(1) 约束:对系统中某构件的运动或构件之间的相对运动所施加的限制。分为运动约束和驱动约束,前者是运动副约束的代数形式,而驱动约束则是施加于构件上或构件之间的附加驱动运动条件。

(2) 铰:也称为运动副,在多体系统中将物体间的运动学约束定义为铰。铰约束是运动学约束的一种物理形式。

(3) 力元:在多体系统中物体间的相互作用,也称为内力。力元是对系统中弹簧、阻尼器、致动器的抽象,理想的力元可抽象为统一形式的移动弹簧-阻尼器-致动器(TSDA),或扭转弹簧-阻尼器-致动器(RSDA)。

(4) 外力(偶):多体系统外的物体对系统中物体的作用定义为外力(偶)。

(5) 数学模型:分为静力学、运动学、动力学数学模型,是指在相应条件下对系统物理模型(力学模型)的数学描述。

(6) 机构:装配在一起并允许相对运动的若干个刚体的组合。

(7) 运动学:研究组成机构的相互联接的构件系统的位置、速度、加速度,其与产生运动的力无关。其数学模型是非线性和线性的代数方程。

（8）动力学：研究外力（偶）作用下机构的动力学响应，包括构件系统的加速度、速度、位置，以及运动过程中的约束反力。动力学问题是已知系统构型、外力和初始条件求运动，也称为动力学正问题。其数学模型是微分方程或微分方程和代数方程的混合。

（9）静平衡：在与时间无关的力作用下系统的平衡。静平衡分析是一种特殊的动力学分析，在于确定系统的静平衡位置。

（10）连体坐标系：固定在刚体上并随其运动的坐标系，用以确定刚体的运动。刚体上每一个质点的位置都可由其在连体坐标系中的不变矢量来确定。

（11）广义坐标：唯一地确定机构所有构件位置和方位即机构构形的任意一组变量。广义坐标可以是独立的（即自由任意地变化）或不独立的（即需要满足约束方程）。对于运动系统来说，广义坐标是时间变量。

（12）自由度：确定一个物体或系统的位置所需要的最少的广义坐标数。

（13）约束方程：对系统中某构件的运动或构件之间的相对运动所施加的约束用广义坐标表示的代数方程形式。它是约束的代数等价形式，是约束的数学模型。

3.1.2　建模与求解

1. 建模方法

多体系统动力学研究的两个最基本的理论问题是建模方法和数值求解，早期研究对象是多刚体系统，这部分内容目前已经发展得比较完善，主流的建模方法主要有以牛顿-欧拉方法为代表的矢量力学方法和以拉格朗日方程为代表的分析力学方法。

牛顿-欧拉方法（Newton-Euler）是典型的矢量力学方法，该方法将系统拆成单个的质点或刚体，用矢量力学的方法分别建立动力学方程，再补充反映刚体之间约束的运动学方程，组成封闭的方程组，从而求解未知的运动及约束力，物理意义明确，建立方程直接。在分析过程中，若需要增加物体的数目，只需相应的增加方程数目，无须另建其他动力学方程组，具有较好的开放性，但它的一个极大的弱点是消除约束力十分困难，并且方程数和未知量多。后来人们采用递推的形式时，递推的牛顿-欧拉法运算量减小，如机械臂建模时的速度外推和外力内推迭代。因此牛顿-欧拉法一直被广泛应用到多刚体系统的动力学建模中，尤其是关节型机械臂中最为常见。

拉格朗日（Lagerange）方程是分析力学的典型代表，其主要思想是将系统能量对系统变量及时间进行微分，随着系统复杂程度的增加，拉格朗日运力学方程将变得相对简单。用广义坐标描述系统的运动，在完整理想的约束情况下，获得与自由度数相等的动力学方程，建立运动与控制力之间的关系。将经典的拉格朗日方程应用于多刚体系统，使未知量个数减小到最低程度且程式化，但要对动能表达式进行两次求导，计算动能函数及其导数的工作烦琐，且求未知的约束力时还须借助其他方法。

罗伯森-维滕堡（Roberson-Wittenburg）方法也是一种基于矢量力学的建模方法，该方法的特点是给出一个对任何系统都适用的普遍方程，只要将代表该系统最基本的若干参量代入此方程，展开后就得到具体系统的动力学模型。这里的关键在于用数学语言描述那些变化多端的系统结构，将图论原理应用到多刚体系统的描述中，可得到适用于不同结构的公式和易处理的树形系统，使得动力学计算大大化简。

凯恩方法（Kane）属于分析力学建模方法，该方法引入以广义速率代替广义坐标描述系统的运动,并将力矢量向特定的基矢量方向投影以消除理想约束力,因而可以直接对系统列写运动微分方程而不必考虑各刚体间的理想约束情况,因此这种方法具有牛顿-欧拉法和拉格朗日方程的优点。

除了上述一些常用方法外,还有将矢量和矢量矩合为一体的旋量方法和基于高斯最小约束的变分方法等,这些建模方法都有各自的特点,是早期多体动力学研究的主要内容。20世纪 80 年代随着计算技术的发展,借助于计算机的数值分析技术,复杂的机械系统多体动力学问题得到更好的解决,但是相对于结构有限元技术的成熟度,多体动力学计算还差很多。目前,计算多体动力学已经发展成为一门学科,并且研究重点从刚性多体动力学扩展到柔性多体动力学。

2. 求解方案

Adams 的建模求解过程如图 3-3 所示,需要先在软件中绘制机械系统的几何模型,根据模型参数和约束等条件抽象成物理模型,然后在此基础上应用多体动力学理论来建立数学模型,计算机通过数值求解和迭代计算得出有效的仿真结果。

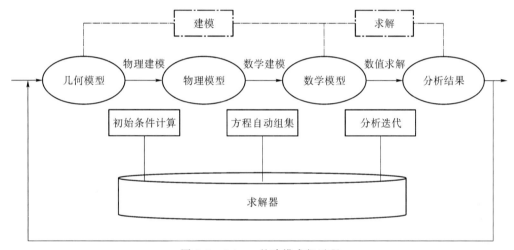

图 3-3　Adams 的建模求解过程

Adams 一般采用拉格朗日方法进行建模,选取系统内每个刚体的质心在惯性参考系中的 3 个直角坐标系和欧拉参数为笛卡儿广义坐标,编制 Adams 程序。选定坐标后利用带乘子的拉格朗日方程处理,导出的以笛卡儿广义坐标为变量的动力学方程是与广义坐标数目相同的带乘子的微分方程,得到的多刚体动力学模型通常是混合的微分-代数方程,方程数目很大且多为刚性,可以采用稀疏矩阵技术提高计算效率。

应用拉格朗日方法建立动力学模型,需要计算多体系统的平动动能和转动动能,然后对广义坐标速度求导得到平动动量和转动动量,用笛卡儿广义坐标来描述系统内部各个刚体的形位,其中广义坐标由 3 个直角坐标 (x,y,z) 和 3 个欧拉角 (ψ,ϕ,θ) 来表示。多刚体系统 Adams 将列出以下方程:

(1) 6 个一阶动力学方程,由拉格朗日方程得出;

(2) 6 个一阶运动学方程,由位置与速度的微分关系得出;

(3) 3 个转动动量的定义方程,由能量对速度求导得出;

（4）约束代数方程；

（5）外力定义的方程；

（6）合并成微分-代数方程。

在进行静力学和动力学分析之前，Adams 会自动进行初始条件分析，以便在初始系统模型中各物体的坐标与各种运动学约束之间达成协调，这样可以保证系统满足所有的约束条件。初始条件分析通过求解相应的位置、速度、加速度的目标函数的最小值得到。

微分代数方程是几个微分方程和纯代数方程（没有导数）组成的一个方程组，代数微分方程很少有解析解。求解线性方程组的线性求解器，主要采用高斯消元法并引入稀疏矩阵技术；运动学和静力学分析需要求解一系列的非线性代数方程，Adams 采用修正牛顿-拉夫森（Newton-Raphson）迭代算法迅速准确求解；对于动力微分方程，根据机械系统特性选择不同的积分方法，ODE 微分方程求解器采用刚性或非刚性积分算法，如线性多步法或单步的龙格-库塔法。

应用 Adams 软件进行复杂机械系统仿真时要循序渐进，在完成几个零件的约束添加后就需要进行一次仿真，这样做的目的是为了减少模型建立时产生的错误，因为等到复杂系统的全部模型建立完成后再去排除错误往往是困难的。为了保证我们建立的模型是正确的，仿真分析的结果是可信的，Adams 软件的建模仿真操作要按照如下步骤进行：

（1）机械系统建模，添加约束；

（2）仿真初步分析，建立测量；

（3）仿真结果初步分析，绘制曲线；

（4）验证结果，与试验数据和理论对比；

①如果不一致，调整摩擦、载荷和控制等参数；

②如果一致，进一步详细仿真分析和优化设计。

3.2　Adams 软件介绍

3.2.1　基本仿真模块

Adams 软件使用交互式图形环境和零件库、约束库、力库，创建完全参数化的机械系统几何模型，其求解器采用多刚体系统动力学理论中的拉格朗日方程方法，建立系统动力学方程，对虚拟机械系统进行静力学、运动学和动力学分析，输出位移、速度、加速度和反作用力曲线。Adams 软件除了基本模块外，还包括扩展模块、接口模块、专业领域模块及工具箱等附加模块。用户不仅可以采用通用模块对一般的机械系统进行仿真，而且可以采用专用模块针对特定工业应用领域的问题进行快速有效地建模与仿真分析。如图 3-4 所示 Adams 软件最基本的模块包括 Adams/View 前处理模块、Adams/Sovler 求解器模块和 Adams/Post-Processor 后处理模块。在 1977 年美国密西根大学的 Adams 代码开发研究人员发起成立了 Mechanical Dynamic Incorporated(MDI)公司，正式开发出机械系统自动化动力学仿真分析软件 Adams。最开始 Adams 软件只有 Adams/Sovler 进行求解,到了 20 世纪 90 年代发布了 Adams/View,用户可以在统一环境下建立机械系统模型、仿真分析和结果查看,而现在 Adams 针对不同行业已经发布了很多扩展模块。

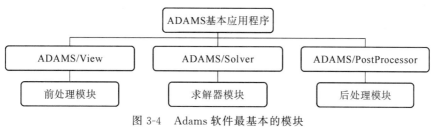

图 3-4　Adams 软件最基本的模块

1. 前处理模块

Adams/View 是 Adams 系列产品的核心模块之一,采用以用户为中心的交互式图形环境,将图标操作、菜单操作、鼠标单击操作与交互式图形建模、仿真计算、动画显示、优化设计、$X—Y$ 曲线图处理、结果分析和数据打印等功能集成在一起。

Adams/View 采用简单的分层方式完成建模工作。采用 Parasolid 内核进行实体建模,并提供了丰富的零件几何图形库、约束库和力/力矩库,并且支持布尔运算、支持 FORTRAN/77 和 FORTRAN/90 中的函数。除此之外,还提供了丰富的位移函数、速度函数、加速度函数、接触函数、样条函数、力/力矩函数、合力/力矩函数、数据元函数、若干用户子程序函数以及常量和变量等。

Adams/View 提供了一个直接面向用户的基本操作对话环境和虚拟样机分析的前处理功能,概括有以下几点:

(1) 样机的建模和各种建模工具;

(2) 样机模型数据的输入与编辑;

(3) 与求解器和后处理等程序的自动连接;

(4) 虚拟样机分析参数的设置;

(5) 各种数据的输入和输出;

(6) 同其他应用程序的接口等。

本书仿真使用的版本为 Adams 2016,其前处理模块的默认界面如图 3-5 所示,通过单击 Settings 下拉菜单中 Interface Style 的 Classic 选项可以切换到经典界面,如图 3-6 所示。

2. 求解器模块

Adams/Solver 是 Adams 系列产品的核心模块之一,是 Adams 产品系列中处于心脏地位的仿真器。该软件自动形成机械系统模型的动力学方程,提供静力学、运动学和动力学的解算结果。Adams/Solver 有各种建模和求解选项,以便精确有效地解决各种工程应用问题。

Adams/Solver 模块包括稳定可靠的 Fortran 求解器和功能更强大的 C++求解器,可以集成在前处理模块下使用,也可以进行批处理方式的解算过程。求解器导入模型后自动校验模型,在进行初始条件分析,然后进行后续的各种解算过程。

Adams/Solver 可以对刚性体和弹性体进行仿真研究。为了进行有限元分析和控制系统研究,用户除要求软件输出位移、速度、加速度和力外,还可要求模块输出用户自己定义的数据。用户可以通过运动副、运动激励,高副接触、用户定义的子程序等添加不同的约束。

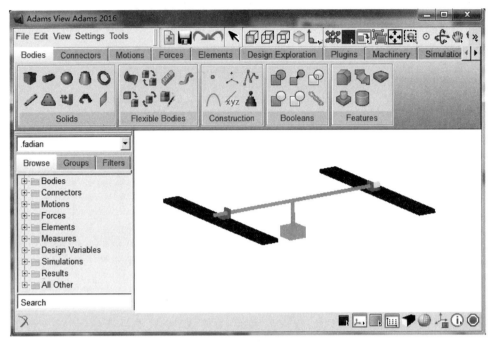

图 3-5　前处理模块默认界面

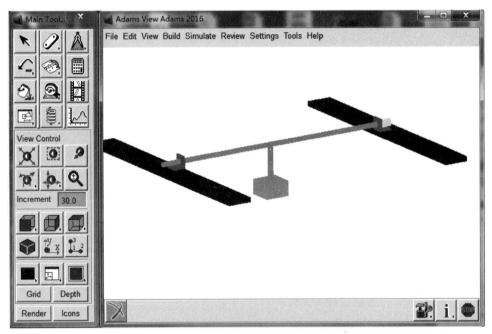

图 3-6　前处理模块经典界面

用户同时可求解运动副之间的作用力和反作用力,或施加单点外力。具有丰富的约束摩擦特性功能,在 Translational、Revolute、Hooks、Cylindrical、Spherical、Universal 等约束中可定义各种摩擦特性。

3. 后处理模块

后处理模块 Adams/Postprocessor 用来处理仿真结果数据、显示仿真动画等。既可以在 Adams/View 环境中运行，也可脱离该环境独立运行，如图 3-7 所示。

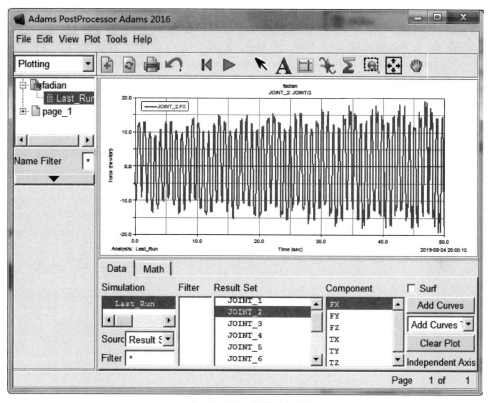

图 3-7　后处理模块界面

Adams/Postprocessor 主要用来对仿真计算的结果进行显示和分析，在模型设计的整个周期都发挥着巨大作用，其用途主要有以下几个方面。

1）模型调试

为用户观察模型的运动提供了所需的环境，用户可以向前、向后播放动画，随时中断播放动画，而且可以选择最佳观察视角，从而使用户更容易地完成模型排错任务。

2）实验验证

为了验证 Adams 仿真分析结果数据的有效性，可以输入测试数据，并将测试数据与仿真结果数据进行绘图比较，还可对数据结果进行数学运算、对输出进行统计分析。

3）方案设计

用户可以对多个模拟结果进行图解比较，选择合理的设计方案，可以帮助用户再现 Adams 中的仿真分析结果数据，以提高设计报告的质量。

4）结果显示

可以改变图表的形式，也可以添加标题和注释，可以载入实体动画，从而加强仿真分析结果数据的表达效果，还可以实现在播放三维动画的同时，显示曲线的数据位置，从而可以观察运动与参数变化的对应关系。

Adams/Postprocessor 主要特点是采用快速高质量的动画显示,便于从可视化角度深入理解设计方案的有效性;使用树状搜索结构,层次清晰,并可快速检索对象;具有丰富的数据作图、数据处理及文件输出功能;具有灵活多变的窗口风格,支持多窗口画面分割显示及多页面存储;多视窗动画与曲线结果同步显示,并可录制成电影文件;具有完备的曲线数据统计功能:如均值、均方根、极值、斜率等;具有丰富的数据处理功能,能够进行曲线的代数运算、反向、偏置、缩放、编辑和生成 Bode 图等;为光滑消隐的柔体动画提供了更优的内存管理模式,强化了曲线编辑工具栏功能;能支持模态形状动画,模态形状动画可记录的标准图形文件格式有: *.gif,*.jpg,*.bmp,*.xpm,*.avi 等;在日期、分析名称、页数等方面增加了图表动画功能;可进行几何属性细节的动态演示。

3.2.2　附加程序模块

Adams 软件除了基本模块外,还包括扩展模块、接口模块、专业领域模块及工具箱等附加模块组成。用户不仅可以采用通用模块对一般的机械系统进行仿真,而且可以采用如图 3-8 所示的专用模块针对特定工业应用领域的问题进行快速有效地建模与仿真分析。附加模块中的控制模块、图形接口模块和高速动画模块将在后面的机器人运动仿真的章节中使用,下面分别进行介绍。

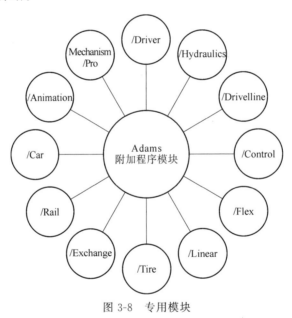

图 3-8　专用模块

1. 控制模块

Adams/Controls 是 Adams 软件包中的一个集成可选模块。在 Controls 中,设计师既可通过简单的继电器、逻辑与非门、阻尼线圈等建立简单的控制机构,也可利用通用控制系统软件(如:MATLAB,MATRIX,EASY5)建立的控制系统框图,建立包括控制系统、液压系统、气动系统和运动机械系统的仿真模型。

在仿真计算过程中,Adams 采取两种工作方式:

(1) 机械系统采用 Adams 解算器,控制系统采用控制软件解算器,两者之间通过状态方程进行联系;

（2）利用控制软件书写描述控制系统的控制框图,然后将该控制框图提交给 Adams,应用 Adams 解算器进行包括控制系统在内的复杂机械系统虚拟样机的同步仿真计算。

这样的机械—控制系统的联合仿真分析过程可用于许多领域,例如汽车自动防抱死系统（ABS）、主动悬架、飞机起落架助动器、卫星姿态控制等。

使用 Controls 的前提是需要 Adams 与控制系统软件同时安装在相同的工作平台上。

2. 接口模块

Adams/Exchange 是 Adams/View 的一个集成可选模块,其功能是利用 IGES、STEP、STL、DWG/DXF 等产品数据交换库的标准文件格式完成 Adams 与其他 CAD/CAM/CAE 软件之间数据的双向传输,从而使 Adams 与 CAD/CAM/CAE 软件更紧密地集成在一起。

Exchange 可保证传输精度、节省用户时间、增强仿真能力。当用户将 CAD/CAM/CAE 软件中建立的模型向 Adams 传输时,Exchange 自动将图形文件转换成一组包含外形、标志和曲线的图形要素,通过控制传输时的精度,可获得较为精确的几何形状,并获得质量、质心和转动惯量等重要信息;用户可在其上添加约束、力和运动等,这样就减少了在 Adams 中重建零件几何外形的要求,节省了建模时间,增强了用户观察虚拟样机仿真模型的能力。

3. 动画模块

Adams/Animation 是 Adams 的一个集成可选模块,使用户能借助于增强透视、半透明、彩色编辑及背景透视等方法精细加工所形成的动画,增强动力学仿真分析结果动画显示的真实感。用户既可以选择不同的光源,并交互地移动、对准和改变光源强度,还可以将多台摄像机置于不同的位置、角度同时观察仿真过程,从而得到更完善的运动图像。

该模块还提供干涉检测工具,可以动态显示仿真过程中运动部件之间的接触干涉,帮助用户观察整个机械系统的干涉情况;同时还可以动态测试所选的两个运动部件在仿真过程中距离的变化。

该模块主要功能是:采用基于 Motif/Windows 的界面,标准下拉式菜单和弹出式对话窗,易学易用。

与 View 模块无缝集成,在 View 中只需单击鼠标就可转换到 Animation;其使用的前提条件是必须要有 View 模块和 Solver 模块。

4. 其他模块

除了控制模块、图形接口模块和高速动画模块之外,Adams 中还有很多其他专业模块,下面仅举出几个典型模块加以说明。

1）液压系统模块

应用 Hydraulics 模块,用户能精确地对由液压元件驱动的复杂机械系统进行动力学仿真分析,比如:工程机械、汽车制动系统、汽车转向系统、飞机起落架等。

2）振动分析模块

Adams/Vibration 是进行频域分析的工具,可用来检测 Adams 模型的受迫振动（例如:检测汽车虚拟样机在颠簸不平的道路工况下行驶时的动态响应）。

3）线性化分析模块

Adams/Linear 可在进行系统仿真时将系统非线性的运动学或动力学方程进行线性化处理,以便快速计算系统的固有频率（特征值）、特征向量和状态空间矩阵。

4）柔性分析模块

Adams/Flex 提供了与 ANSYS,MSC/NASTRAN,ABAQUS,I-DEAS 等软件的接口,

可方便地考虑零部件的弹性特性,建立多体动力学模型,以提高系统仿真的精度。Flex 模块支持有限元软件中的 MNF(模态中性文件)格式。

5)轿车模块

Adams/Car 是 MDI 公司与 Audi、BMW、Renault 和 Volvo 等公司合作开发的整车设计软件包,集成了他们在汽车设计、开发方面的专家经验,能够帮助工程师快速建造高精度的整车虚拟样机。

3.3 建模与仿真基本操作

3.3.1 模型的建立

1. 建模工具

启动 Adams/View 后,关闭 Welcome 对话框,进入主窗口默认界面,单击 Settings 菜单选择 Interface Styel 中的 Classic 选项,将界面切换为经典界面。Adams 经典界面开发得较早,仿真设计人员可以选择适合自己的界面风格进行仿真,掌握其中一种界面的基本操作后,再切换到另一种界面进行仿真没有任何障碍,很容易操作使用。本节以经典界面为例对 Adams 的操作进行介绍,单击 Settings 菜单选择 View Background Colour 选项将背景颜色改为白色,经典界面如图 3-9 所示。

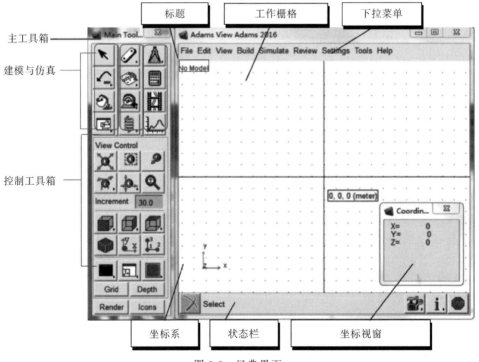

图 3-9 经典界面

Adams/View 主窗口经典界面介绍如下所述。

（1）标题：显示正在创建的模型名称，在启动软件时的 Welcome 界面创建新模型时输入的名字。

（2）工作栅格：在工作区屏幕区设置显示栅格，可通过 Settings 下拉菜单中的 Working Grid 进行设置。

（3）下拉菜单：下拉菜单中包括了相应的子菜单和操作命令，将鼠标移动到相应菜单上就会自动显示下一级子菜单。菜单选型几乎包括了前处理模块所有命令，菜单项一般显示命令名称和快捷键，常用的快捷键如表 3-1 所示。

表 3-1　常用快捷键

快捷键	功能说明	快捷键	功能说明
F1	显示帮助窗口	Ctrl+e	修改对象
F3	显示命令窗口	Ctrl+z	放弃最后一步操作
F4	显示坐标窗口	Ctrl+q	退出
F5	显示菜单	g	切换显示工作栅格
F8	显示绘图窗口	r	绕 XY 方向旋转视图
Ctrl+n	产生一个新的数据库	t	移动视图
Ctrl+o	打开一个已存盘的数据库	w	定义视图区域
Ctrl+s	保存当前的数据库	c	设置视图中心
Ctrl+c	复制对象	f	显示整个样机的视图
Ctrl+v	粘贴对象	Del	删除对象
Ctrl+x	剪切对象	Esc	放弃操作

（4）坐标系：通常在工作区左下方的坐标系表示当前地面坐标系的方向，在 View 菜单中的 Toolbox and Toolbars 项中进行打开和关闭设置。

（5）状态栏：现实操作过程中的各种信息和提示。

（6）坐标视窗：显示当前光标所在位置处的三维坐标值，可通过 F4 键打开和关闭。

（7）主工具箱：主工具箱上部有 12 个图标是建模和仿真工具，下面的其他图标是视图工具。主工具箱中的命令集有多个层次，在主工具箱中所见的图标，是下一层次命令集合的默认命令，直接单击主工具箱中的图标，可以选择该默认命令。主工具箱下面的图标主要用来对视图进行控制，包括方向、缩放和移动等操作。主工具箱中的图标展开结果如图 3-10 所示。

2. 创建实体模型

实体几何模型是三维零件，可以利用实体建模库创建实体零件或将封闭的曲线拉伸成实体几何模型。此外还可以将简单零件组合成复杂的零件或在零件上创建其他的特征，如圆角和倒角等。本小节主要介绍利用实体建模库创建实体零件。

1）创建长方体

在屏幕或工作栅格上画出矩形块的长和宽，Adams/View 会创建一个三维实体矩形块，其厚度为矩形长和宽尺寸中最短尺寸的两倍，也可预先设定好矩形的长、宽和厚。矩形块的尺寸在屏幕坐标上，向上为宽度，向左为长度，向外为厚度。矩形块有一个热点，通过拖拽热点，可以改变矩形块的尺寸。创建长方体的具体步骤如下所述。

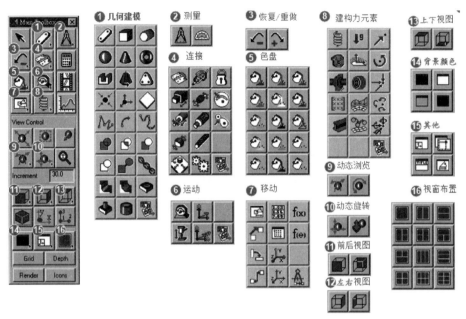

图 3-10　主工具箱中的图标展开结果

（1）在主工具箱中的几何建模工具集中，选择矩形块图标 Rigid Body：Box。

（2）系统打开设置对话栏，设置参数。如图 3-11 所示在"Box"中选择"New Part"创建一个新零件，或 On Ground 将几何体放在大地上，或 Add to Part 放置到另一个零件上，默认为创建一个新零件。在下面文本框中勾选尺寸设定，可输入长、宽和厚度尺寸。

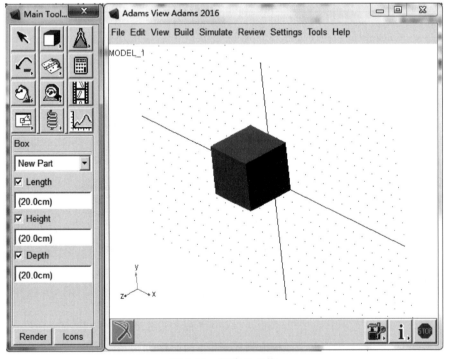

图 3-11　创建长方体

（3）在矩形的一个顶点按住鼠标左键不放并拖动鼠标。

（4）当矩形的大小满足要求时释放左键。如果已经制定了矩形块的尺寸,则自动生成预定大小长方体矩形块。

2）创建圆柱体

圆柱体是截面形状为圆形的实体,在默认情况下只要画出圆柱体中心线,软件会创建半径为中心线长 25% 的圆柱体,也可以预先指定圆柱体的长和截面半径的大小。圆柱体创建成功后会有两个热点,一个控制圆柱体长度,另一个控制圆柱体半径,拖动热点可以改变尺寸大小。创建圆柱体的具体步骤如下所述。

（1）在主工具箱中的几何建模工具集中,选择圆柱体图标 Rigid Body:Cylinder。

（2）系统打开设置对话栏,设置参数。如图 3-12 所示在 Box 中选择 New Part 创建一个新零件,或 On Ground 将几何体放在大地上,或 Add to Part 放置到另一个零件上,默认为创建一个新零件。在下面文本框中勾选尺寸设定,可输入长度和截面半径。

（3）在合适位置按住鼠标左键不放并拖动鼠标。

（4）当矩形的大小满足要求时释放鼠标左键。如果已经制定了圆柱体的尺寸,则自动生成预定大小的圆柱体。

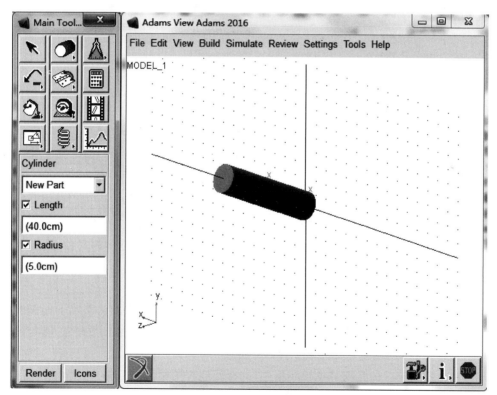

图 3-12　创建圆柱体

3）创建球体

通过指定球体的球心位置和球体半径就可创建球体,球体有三个热点,分别控制球体的三个方向上的半径大小,通过拖拽热点,可以改变球体的形状和尺寸,还可以生成椭球。创建球体的具体步骤如下所述。

（1）在主工具箱中的几何建模工具集中，选择球体图标 Rigid Body：Sphere。

（2）系统打开设置对话栏，设置参数。如图 3-13 所示在 Box 中选择 New Part 创建一个新零件，或 On Ground 将几何体放在大地上，或 Add to Part 放置到另一个零件上，默认为创建一个新零件。在下面文本框中勾选尺寸设定，可输球体半径尺寸。

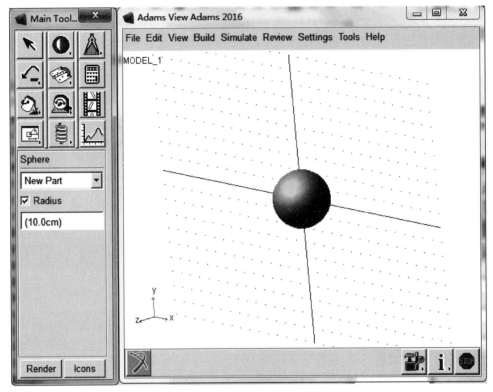

图 3-13　创建球体

（3）在工作区选择球心位置，按住鼠标左键不放并拖动鼠标。

（4）当尺寸大小满足要求时释放鼠标左键。如果已经制定了球体的尺寸，则自动生成预定大小球体。

4）创建连杆

Adams 可以通过指定一条描述连杆长度的直线来创建连杆，在默认情况下连杆的宽度为长度的 10%，厚度为长度的 5%，端部半径为宽度的一半，也可通过参数设置，指定连杆的长度、宽度和厚度。创建连杆的具体步骤如下所述。

（1）在主工具箱中的几何建模工具集中，选择圆连杆图标 Rigid Body：Link。

（2）系统打开设置对话栏，设置参数。如图 3-14 所示在 Box 中选择 New Part 创建一个新零件，或 On Ground 将几何体放在大地上，或 Add to Part 放置到另一个零件上，默认为创建一个新零件。

（3）在合适位置按住鼠标左键不放并拖动鼠标。

（4）当连杆的大小满足要求时释放鼠标左键。如果已经制定了连杆的尺寸，则自动生成预定大小的连杆。

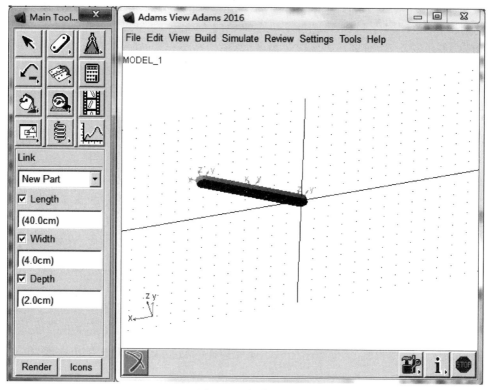

图 3-14　创建连杆

除了构件的几何外形外,进行仿真分析时所需要的构件特性还包括:质量、转动惯量和惯性积、初始速度、初始位置和方向等,这些特性往往在分析中比几何形状更加重要。几何建模时程序根据默认值自动确定构件的有关特性,如果需要修改构件特性,可以通过构件修改对话框进行,如图 3-15 所示。

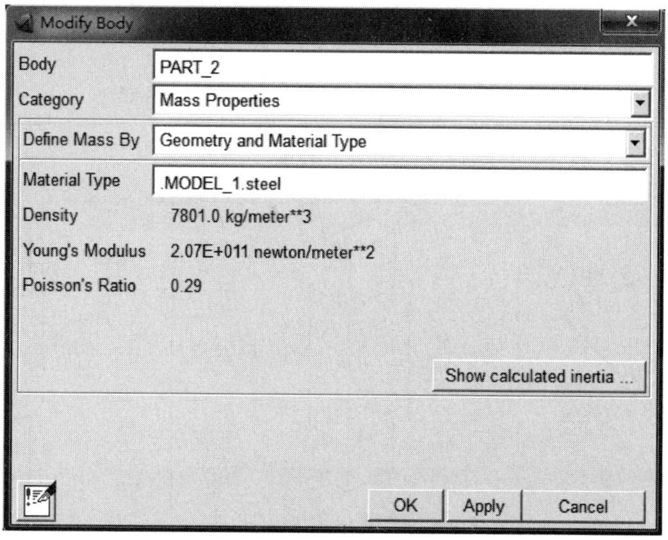

图 3-15　构件特性修改对话框

（1）有两种方式进入构件特性修改对话框，在修改的构件上单击鼠标右键，激活弹出式菜单，选择要修改的构件 Part，再选择下级菜单中的 Modify 命令。也可以通过菜单栏 Edit 菜单中的 Modify 命令，如果已经选择了构件，选择该命令后程序会直接显示该构件的特性修改对话框，如果没有选择构件，程序会打开数据库浏览器，然后再选择构件。

（2）修改构件质量、转动惯量和惯性积，Adams/View 提供了三种方法，可以通过选择 Geometry and Material Type 选项，输入构件材料的名称，软件会自动在数据库中查找该种材料的密度，然后根据几何尺寸计算质量和惯性张量。也可以在材料输入栏中单击弹出下拉菜单，从中选择 Material 再选择 Browse 命令，在材料数据库中选择材料。

（3）通过选择 User Input 选项进行修改，输入构建的质量和惯性矩以及构件质心标记点和惯性参考坐标系的标记点。惯性参考坐标系用来定义计算惯性矩的参考坐标，如果没有输入惯性参考标记点，则默认使用质心标记点作为惯性参考标记点。

（4）质量参数设置好后，可以通过选择 Show Calculated Inertia 按钮，查看根据设定参数计算的质量和惯性矩结果。不能将构建的质量设置为零，零质量会导致运动加速度无限大，进而使仿真分析失败。

（5）在几何建模时软件会根据相邻构件的情况自动计算出构件的初始速度，如果不满足仿真要求可以进行更改，在构件特性对话框中选择 Velocity Initial Conditions 选项，会显示出初始速度设置对话框，根据对话框提示设置构件的初始线速度和初始角速度，包括参考坐标系和速度值。

3.3.2 约束的添加

1. 常用约束

Adams/View 为用户提供了 12 个理想约束工具，通过这些运动副约束，可以将两个构件连接起来，约束它们的相对运动，被连接的构件是刚性构件、柔性构件或者是点质量。如表 3-2 所示列出了 9 个常用约束的工具图标和约束的自由度数，约束的施加具体方法如下所述。

表 3-2　常用约束的工具图标和约束的自由度数

1. 铰接副	2. 棱柱副	3. 圆柱副
约束 2 个旋转，3 个移动自由度	约束 3 个旋转，2 个移动自由度	约束 2 个旋转，2 个移动自由度

续表

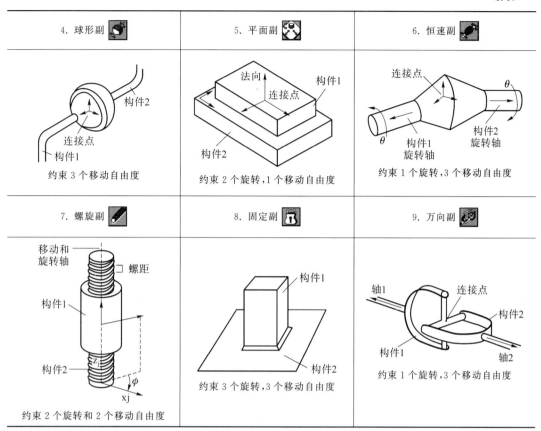

（1）在主工具箱中的连接工具集中，选择约束工具图标。

（2）在设置栏选择连接构件的方法，主要包括三种方式。

第一种方式：一个位置。由软件自动确定连接的构件，此时 Adams/View 自动选择最靠近所选连接位置的构件进行连接，如果所选连接点附件只有一个构件，则该构件将同地面连接。只有在两个构件的连接位置非常接近时，才可以由软件确定连接构件，在自动确认时不区分第一构件和第二构件。因此，对于要求明确指出第一构件和第二构件的约束，这种方法不适用。

第二种方式：两个构件和一个位置。需要鼠标选定连接的两个构件和一个连接位置，此时的约束固定在第一个先选的构件上，第一个构件相对于第二个构件运动。

第三种方式：两个构件和两个位置。需要鼠标选定连接的两个构件以及两个构件上的约束连接位置。

（3）选择连接方向。连接方向决定构件间的相对运动的轴线方向，有两种选择方式。

第一种方式：垂直栅格平面。当显示工作栅格时，约束方向垂直于栅格平面，不显示栅格时约束方向垂直于屏幕。

第二种方式：选择约束方向。通过选择一个在栅格平面或者屏幕内的方向矢量确定约束方向。

（4）根据状态栏提示，依次选择相互连接的构件1、构件2、连接位置和约束方向。

运动副约束建立后可以通过运动副对话框进行修改，通过在运动副上右键弹出菜单，选择 Modify 命令。或者选择在菜单栏 Edit 菜单中的 Modify 命令，如果先选择了运动副，则弹出该运动副的修改对话框，如果没有选择运动副则弹出数据库浏览器，可以在数据库浏览器中选择要修改的运动副。如图 3-16 所示运动副约束修改对话框，可以修改和设置如下相关参数。

（1）名称 Name。如果不想使用默认名称，可以自己设置。

（2）第一构件 First Body。通过此项可以改变第一构件。

（3）第二构件 Second Body。通过此项可以改变第二构件。

（4）类型 Type。可以通过此项改成其他运动副。

（5）显示力 Force Display。设置是否显示连接力，None 不显示，On First Body 第一构件上显示，On Second Body 第二构件上显示。

（6）设置运动副运动。按照某个轴或某个函数运动。

（7）设置初始条件。包括位移和速度。

（8）设置摩擦力。单击摩擦力设置图标，弹出摩擦力设置对话框如图 3-17 所示，输入相关参数进行设置。

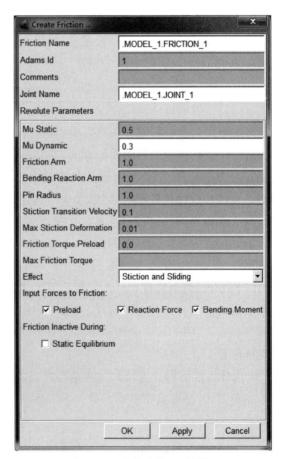

图 3-16　动副约束修改对话框　　　　图 3-17　摩擦力设置对话框

2. 定义运动

机构都是以一定的运动规律运动的,通过定义机构的运动规律,一方面可以约束机构的某些自由度,另一方面也决定了是否需要施加力来维持所定义的运动。Adams/View 为用户提供了两种类型运动。一种是运动副运动,运动副运动定义了移动副、转动副或圆柱副中移动或转动运动,每一个运动副去除一个自由度。另一种是点运动,点运动定义了两个零件之间的运动规律。定义点运动规律时,要指明运动方向。点运动可以应用于任何典型的运动副,如圆柱副和球副等。通过定义点的运动可以在不增加额外约束和构件的情况下,构造复杂运动。运动可以定义整个过程中的加速度、位移或速度。在默认状态下,通过定义整个过程中的恒定运动速度定义运动。

Adams/View 中有移动和转动两种运动副运动。移动运动约束第一个构件沿第二个构件某一个轴运动,转动运动约束第一个构件按右手定则绕第二构件的某一轴转动。创建运动副运动的具体方法如下所述。

(1) 在运动工具集 Motion Driver 中选择运动副移动工具图标 Translational Joint Motion 或转动工具图标 Rotational Joint Motion。

(2) 在设置栏输入速度值,如图 3-18 所示默认转动值 30 度/秒,如图 3-19 所示默认移动值 10 毫米/秒。或在函数编辑对话框中,定义函数表达式,通过鼠标右击"Speed"输入栏,从弹出的菜单中选择 Parameterize 项,选择 Expression Builder 命令,此时如图显示 3-20 所示的函数输入对话框。

图 3-18 默认转动值 30 度/秒

图 3-19 默认移动值 10 毫米/秒

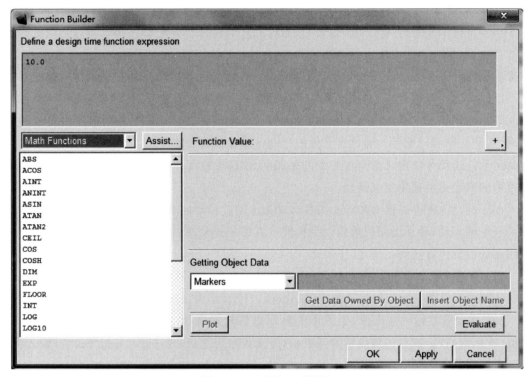

图 3-20　函数输入对话框

（3）鼠标左键选择要施加运动的运动副，完成连接运动设置。

（4）运动副创建完成后，可通过 Modify 命令，弹出对修改话框进行特性修改。

Adams/View 中有单点运动和一般点运动两种点运动。单点运动约束两个构件沿某一个轴移动或沿着某一轴转动。一般点运动约束两个构件沿某三个轴移动或转动。创建点运动，软件在一个构件上创建标记点作为动点，在另一个构件上创建标记点作为参考点，动点相对参考点移动或转动。创建运动的具体方法如下所述。

（1）在运动工具集 Motion Driver 中选择点运动工具图标 Point Motion 或一般点运动工具图标 General Point Motion。

（2）在设置栏选择连接构件的方法、连接方向、运动类型和速度值。

（3）根据屏幕底部状态栏提示选择构件、连接位置和方向等。

点运动创建完成后，可通过 Modify 命令，弹出对修改话框进行特性修改。添加机构约束时几点建议如下所述。

（1）建模时逐步地对构件施加各种约束，经常对施加的约束进行试验，检查是否有约束错误。

（2）设置约束时正确选择对象。

（3）注意约束的方向是否正确。

（4）检查约束类型是否正确。

（5）尽量使用一个运动副来完成所需的约束。

（6）已经设置了运动的运动副不要设置初始条件。

3. 施加载荷

施加载荷可以是单方向作用力,也可以是 3 个方向的力或力矩,或者是 6 个方向的分量力。单方向的作用力可以用施加单作用力工具来定义,而组合作用力工具可以同时定义多个方向的力和力矩分量。定义力需要指明力还是力矩、力作用的构件和作用点、力的大小和方向。可以指定力作用在一对构件上,构成作用力和反作用力,也可以定义一个力作用在构件和地基之间,反作用力作用在地基上。

1) 单作用力或力矩的施加

(1) 在作用力工具集上选择单作用力工具图标 Applied Force:Force 设置栏如图 3-21 所示,或单作用力矩工具图标 Applied Force:Torque 设置栏如图 3-22 所示。

图 3-21　Force 设置栏

图 3-22　Torque 设置栏

(2) 在系统打开设置栏,在 Run-Time Direction 设置栏选择力的作用方式。Space Fixed 方式的力不随构件的运动而变化,力的反作用力作用在地面上。Body Moving 方式此时力的方向随构件运动而变化,相对于指定构件的参考坐标系无变化。Two Bodies 方式需要两个构件力作用点,作用点上分别作用两个大小相同方向相反的力。前两种方式施加力需要在 Characteristic 栏选择力的方向定义方法。

(3) 在 Characteristic 栏选择力的定义方法,输入力或力矩的值,也可以自定义力函数。

(4) 若选择采用矢量定义,需要在力作用点附近晃动鼠标,出现变化的矢量箭头,左键确定矢量箭头方向。

(5) 若选择自定义力函数,需要通过鼠标右击输入栏,从弹出的菜单中选择 Parameterize 项,在选择 Expression Builder 命令,弹出函数编辑对话框,进行力函数设定。

施加作用力时两个构件上分别建立标记点,力作用第一个构件上的标记点记为 I 标记点,反作用力作用第二个构件上建立的标记点记为 J 标记点,J 标记点是浮动的始终跟随 I 标记点运动,同时施加作用力还需要参考标记点来定义力的方向。

2) 分量作用力施加

(1) 在作用力工具集上选择分量作用力工具图标,包括 3 个力分量工具图标 Applied Force:Force Vector 设置栏图 3-23 所示,或 3 个力矩分量的图标 Applied Force:Torque Vector 设置栏如图 3-24 所示,或 6 个分量作用力工具图标 Applied Force:General Force Vector 如图 3-25 所示。

图 3-23　Force Vector 设置栏　图 3-24　Torque Vector 设置栏　图 3-25　General Force Vector 设置栏

(2) 在系统打开设置栏,在 Construction 设置栏选择力的定义方式。一个位置方式只需选择一个力作用点,软件自动选择附件的两个构件,只有一个构件时另一个构件默认为大地。两体一个位置方式需要先后选择两个构件和作用点。两体两个位置方式需要选择两个构件和两个作用点。

(3) 力的方向设定可以选择垂直栅格或屏幕方式,也可以选择矢量选取方式。若选择采用矢量定义,需要在力作用点附近晃动鼠标,出现变化的矢量箭头,左键确定矢量箭头方向。

(4) 在 Characteristic 栏选择力值定义可以直接输入力值,也可以通过输入刚度 K 和阻尼 C 来确定,或者通过函数编辑对话框自定义力函数。若选择自定义力函数,需要通过鼠标右击输入栏,从弹出的菜单中选择 Parameterize 项,在选择 Expression Builder 命令,弹出函数编辑对话框,进行力函数设定。

(5) 根据状态栏提示选择受力构件、作用点和方向,完成力的施加。

Adams/View 还可以定义物体碰撞时的接触作用力。主要采用回归法和 Impact 函数法,回归法需要定义惩罚系数和回归系数,惩罚系数加强接触单边约束作用,回归系数控制接触能量消耗,而 Impact 函数法实际上想当一个弹簧阻尼器。

3）接触力施加

（1）在作用力工具集上选择接触工具图标，打开如图 3-26 所示对话框。

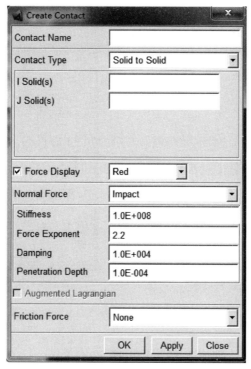

图 3-26　接触对话框

（2）在 Contact Type 选择栏选择接触类型。

（3）若选择的是 Solid to Solid 类型，下方文本框中分别选择第一个实体和第二个实体，单击文本框选择 Pick 选项，然后在屏幕工作区选择已建立的实体模型。也可以直接输入模型名称或者在数据库浏览器中选择。

（4）设置是否在仿真过程中显示接触力。

（5）选择接触力计算方法，Restitution 或 Impact。

（6）设置摩擦力。

（7）单击"OK"按钮，完成接触的创建。

接触力施加后，可以在弹出式修改对话框中进行特性修改。

在施加力载荷时经常用到函数，常用的有 Step 函数、If 函数和样条函数等。

3.3.3　仿真与后处理

1. 仿真与回放

在主工具箱选择仿真工具图标 Interactive Simulation Controls，主工具箱的下半部分将转变为仿真分析参数设置对话框，如图 3-27 所示。主工具箱中显示的是最常用的仿真工具和参数设置，在主工具箱下部选择省略 … 按钮，显示仿真分析对话框，如图 3-28 所示。互交式仿真分析是最方便和迅速的仿真分析和试验方法。互交式仿真分析的步骤如下所述。

图 3-27　仿真分析参数设置对话框

图 3-28　仿真分析对话框

（1）选择主工具箱的仿真工具图标 Interactive Simulation Controls，显示出互交式仿真分析参数设置栏。

（2）选择仿真类型，有 4 种情况可供选择：Default（默认）、Dynamic（动力学）、Kinematic（运动学）、Static（静态）。

（3）选择仿真分析时间的定义方法，输入仿真分析时间，End Time 定义停止的绝对时间，Duration 定义时间间隔。

（4）设置仿真过程中输出仿真结果的频率，Step Size 为输出的时间步长，Steps 为总共输出的步数。

（5）按仿真开始键，开始仿真分析。

（6）可中途停止分析，按停止快捷键。

（7）仿真结束后，按回放快捷键，重现仿真过程。

也可在主工具箱中选择回放工具 Animation，主工具箱的下半部分列出了再现仿真结果的一些主要命令回放对话栏，选择省略 … 命令，显示仿真再现对话框。

2．曲线与动画

Adams/PostProcessor 模块主要提供了两大功能：仿真结果回放和分析曲线绘制功能。通过仿真结果的后处理，可以完成以下工作：

（1）对进一步调试样机提供指南；

（2）可以通过多种方式验证仿真结果，并对仿真结果进行进一步的分析，例如，可以输入实验数据；

（3）数据绘制试验曲线，并同仿真结果进行比较；

（4）可以绘制各种仿真分析曲线并进行一些曲线的数学和统计计算；

（5）可以通过图形和数据曲线比较不同条件下的分析结果；

（6）可以进行分析结果曲线图的各种编辑。

　　启动后处理程序 Adams/PostProcessor 的两种方法,在 Adams/View 主工具箱,选择后处理工具图标 Plotting 弹出如图 3-29 所示后处理窗口,或在 Review 菜单,选择 Plotting Window。在后处理中选择图标可以结束 Adams/PostProcessor 操作,返回到 Adams/View。后处理模块的窗口界面包括以下几个区域。

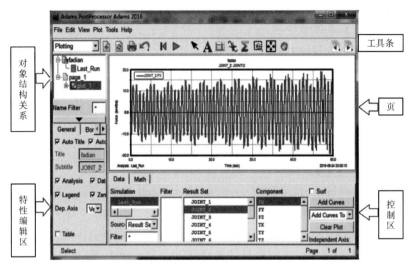

图 3-29　后处理窗口

　　(1) 菜单栏一般包含文件、编辑、视图、绘曲线、回放、帮助等命令菜单,菜单栏的内容根据不同的处理模式有所不同。

　　(2) 工具条内有各种数据后处理的快捷工具命令。

　　(3) 对象结构关系栏设置在窗口的左侧,显示绘图区当前对象的结构关系树。

　　(4) 当选择了结构关系树中的对象后,显示被选对象有关特性的编辑对话框,特性编辑区的内容根据不同的对象而有所不同。

　　(5) 页是后处理程序组织信息的基本形式,页是一幅在屏幕上观察的最大视图,仿真过程中的所有结果可以绘制在不同页上,在所有页中只有当前页是活动的,在屏幕底部状态条的右边,显示了当前页的位置,主工具条列出了页管理的各种命令,可以非常方便地进行各种页的操作,例如:产生新的一页、删除控制区、工具条、页、对象结构关系、特性编辑区、当前页、向前或向后浏览各页等。

　　将仿真结果用曲线的形式展示出来,能够更深刻地理解模型特性,软件提供了对象、测量、结果和请求等几种类型的曲线绘制。在绘制曲线模式下,用控制面板选择需要绘制的仿真结果,可以安排结果曲线布局,包括增加轴线、确定度量单位标签、曲线标题和添加标注等。具体绘制曲线步骤如下所述。

　　(1) 在 Sorce 下拉列表中选择数据类型:Objects、Measures、Requests 或 Results。

　　(2) 在列表框中自左向右,选择 Result 和 Component 中作曲线图的数据。

　　(3) 选择 Add Curves 命令,完成数据曲线绘制。

　　(4) 也可选择 Surf 选择项,快速浏览各种仿真数据的曲线图。

　　添加数据曲线方式选择框中的 Add Curves to Current Plot 为添加曲线,One Curve Per Plot 为产生新的一页曲线图,One Plot Per Result Set 为产生同样类型数据曲线的曲线图。默认数据曲线自变量轴以选择 x 轴作为自变量轴,时间 t 为自变量,可以改变横坐标轴数据,通过选择独立轴的 Data,出现横坐标轴浏览器,选择需要的坐标轴数据,单击"OK"按钮即可完成替换。除此之外还可以对曲线进行编辑和运算,在 View 菜单中选择 Toolbars 中的 Curve Edit Tool Bar 和 Statistics 选项,会在窗口上端出现曲线编辑和运算工具栏。

Adams/PostProcessor 可以对曲线进行多种处理操作:

(1) 曲线数据的简单数学运算;

(2) 数据曲线的积分和微分;

(3) 显示数据点的值;

(4) 曲线的统计运算;

(5) 绘图参数设置与保存;

(6) 曲线的颜色、线型和符号;

(7) 字体、视图方向和单位的设置;

(8) 放大和缩小曲线图;

(9) 修改坐标轴的特性、符号说明、标注和添加辅助线等。

(10) 曲线数据可以导出。

Adams/PostProcessor 可以动画显示并生成视频文件,如果前面运行了交互式仿真分析,可以直接加载动画,否则演示动画需要打开已存在的 .bin 记录文件,或导入一些必要文件,如时域动画要导入 .gra 图形文件,而频域动画需要导入 .adam 模型定义文件和 .res 仿真结果文件。在 File 菜单中选择 Import 选项输入相关文件,在视窗中 View 菜单下选择 Load Animation 载入时域仿真动画,或选择 Load Mode Shape Animation 载入频域仿真动画,进入动画控制和视频文件生成界面,如图 3-30 所示上半部分显示动画图像,下半部分为动画控制区域,可以设置动画的表现形式,生成的动画文件自动保存在已设置的软件工作路径下。

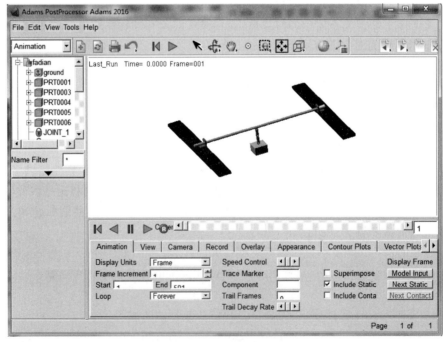

图 3-30　动画图像显示

3.4　本章小结

　　通过本章对 Adams 软件的仿真原理介绍,可以掌握多体动力学的数学原理和建模求解方法,在软件介绍中可以了解计算多体动力学软件的发展历史,以及软件的前处理、求解和后处理基本模块,针对其他行业扩展出来的专业模块。软件的几何建模可以使用前处理模块实现,也可以在其他三维建模软件中绘制再导入 Adams 中。最后介绍了软件建模与仿真的基本操作,包括建立实体模型,添加运动副和运动,以及施加力、力矩和接触力载荷,通过软件的后处理模块可以对仿真结果数据进行曲线绘制、编辑和运算,甚至可以将机械系统的仿真过程以动画的形式展现,录制视频文件。

3.5　思考练习题

　　1. 如何在平板上建立小球碰撞模型?

　　2. 如何对曲柄连杆机构进行运动仿真分析?

　　3. 如何对弹簧阻尼器进行特性分析?

第4章 移动机器人运动仿真

通过移动机器人的运动仿真分析可以掌握移动机器人的运动特性和验证结构设计的正确性,这是移动机器人研制前期的重要过程。本章将通过两种移动机器人运动仿真实例,介绍应用 Adams 软件对移动机器人进行几何建模和添加约束的方法,以及对模型进行运动仿真分析和对结果进行后处理的方法。本章主要内容包括两轮移动机器人和自平衡移动机器人的运动仿真和分析。

4.1 两轮机器人运动仿真

扫地机器人通常采用双轮驱动的形式,如图 4-1 所示。假设有一双轮移动机器人的轮子半径为 2 cm,轮子间距为 10 cm,主体部分由尺寸为 10 cm×2 cm×10 cm 的长方体构成,通过 Adams 软件仿真双轮移动机器人的运动速度和路径。

图 4-1　扫地机器人

4.1.1　配置软件环境

1. 启动 Adams

双击桌面上的 Adams View 快捷图标,或在开始菜单中展开 Adams 文件夹,单击 Adams View 图标。

2. 创建模型名称

如图 4-2 和图 4-3 所示,创建模型名称的步骤如下:

(1) 在欢迎界面中选中 New Model;

(2) 在对话框的 Model Name 栏中,输入 Two_wheel_mobile_robot;

(3) 修改 Working Directory,可以改为 E:\robot(在 E 盘已经创建了 robot 文件夹);

(4) 单击"OK"按钮完成模型名称的创建和路径的设置。

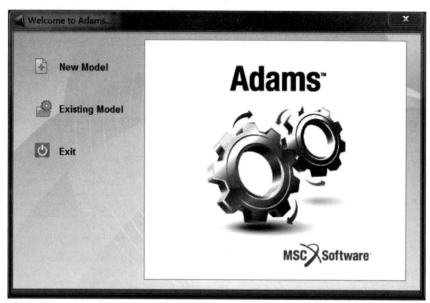

图 4-2　欢迎界面

图 4-3　新模型对话框

3. 设置工作环境

1) 设置单位

如图 4-4 所示,设置单位的步骤如下:

（1）在主菜单中，选择 Settings 下拉菜单中的 Units 菜单项，打开 Units Settings 对话框；

（2）在 Units Settings 对话框中，取默认设置，Length 为 Millimeter，Mass 为 Kilogram，Force 为 Newton，Time 为 Second，Angle 为 Degree，Frequency 为 Hertz；

（3）单击"OK"按钮完成单位的设置。

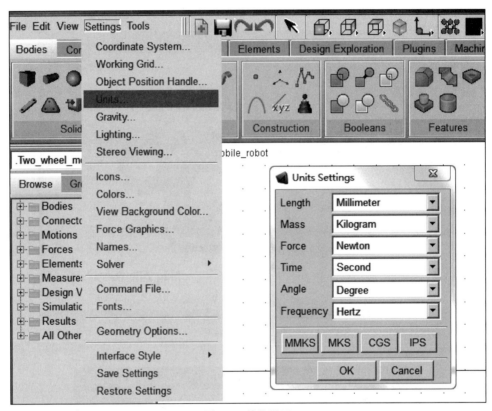

图 4-4　单位设置

2）设置工作网格

如图 4-5 所示，设置工作网格的步骤如下：

（1）在主菜单中，选择 Settings 下拉菜单中的 Working Grid 菜单项，打开 Working Grid Settings 对话框；

（2）在 Working Grid Settings 对话框中，将 Size 的 X 设置为 1 000 mm，Y 设置为 1 000 mm，将 Spacing 的 X 和 Y 均设置为 10 mm；

（3）单击"OK"按钮完成工作网格的设置（单击 Apply 按钮，系统同样执行与单击"OK"按钮相同的命令，但对话框不被关闭）。

3）设置图标大小

如图 4-6 所示，设置图标大小的步骤如下：

（1）在主菜单中，选择 Settings 下拉菜单中的 Icons 菜单项，打开 Icon Settings 对话框；

（2）在 Icon Settings 对话框中，将 New Size 设置为 20；

（3）单击"OK"按钮完成图标大小的设置。

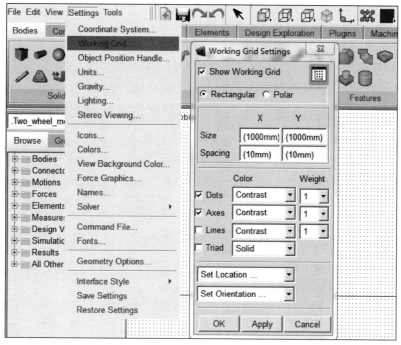

图 4-5　工作网格设置

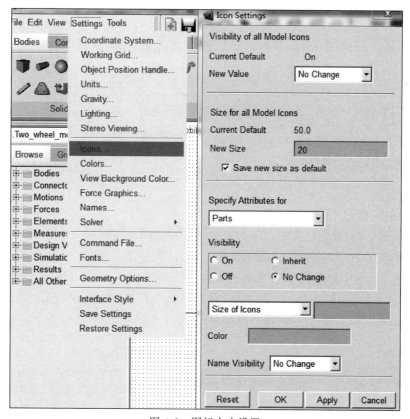

图 4-6　图标大小设置

4）打开光标位置显示

如图 4-7 所示,打开光标位置显示的步骤如下:

(1) 单击工作区域。

(2) 在主菜单中,选择 View 下拉菜单中的 Coordinate Window F4 菜单项,或单击工作区域后按 F4 快捷键,即可打开光标位置显示。

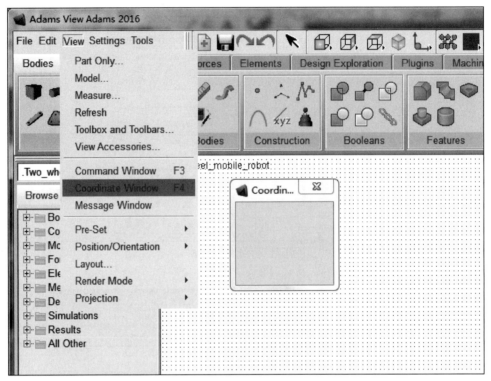

图 4-7　打开光标位置显示

4.1.2　创建几何模型

1. 创建地面

1）创建地面模型

如图 4-8 所示,创建初始位于水平位置的地面模型的步骤如下:

(1) 在功能区 Bodies 项的 Solids 中,单击 RigidBody:Box 图标,展开选项区;

(2) 勾选 Length 复选框,在其下的文本框中输入 100 cm,勾选 Height 复选框,在其下的文本框中输入 1 cm,勾选 Depth 复选框,在其下的文本框中输入 100 cm;

(3) 光标移至工作区,会显示地面矩形体,单击工作区域中的"－500,－10,0(mm)",完成地面模型创建。

2）命名

如图 4-9 所示,按下列步骤更改地面模型名称:

(1) 右击地面模型;

(2) 在下拉菜单中,选择 Part:PART_2 下拉菜单中 Rename 菜单项,打开 Rename 对话框;

（3）在 Rename 对话框中，将 New Name 文本框中内容更新为 Surface；

（4）单击"OK"按钮完成模型重命名。

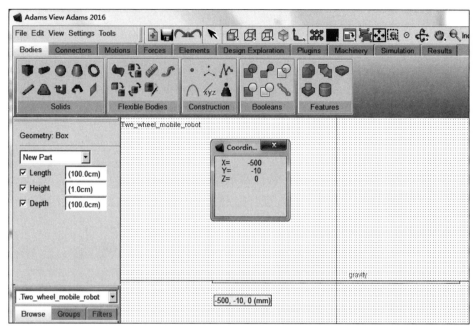

图 4-8　地面模型创建

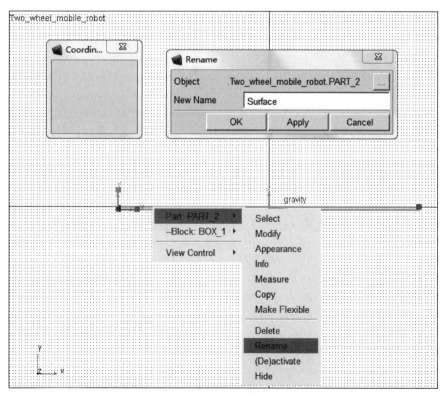

图 4-9　更改地面模型名称

3）设置质量特性

设置质量特性的步骤如下：

（1）右击地面模型；

（2）在下拉菜单中，选择 Part:Surface 下拉菜单中的 Modify 菜单项，打开 Modify Body 对话框；

（3）如图 4-10 所示，在 Modify Body 对话框中，Define Mass by 选择 Geometry and Material Type 方式，在 Material Type 文本框中右击弹出菜单，在 Material 的 Guesses 中选择 wood 材料（地面选择木板材料）；

（4）选择完毕，单击"OK"按钮完成质量特性设置。

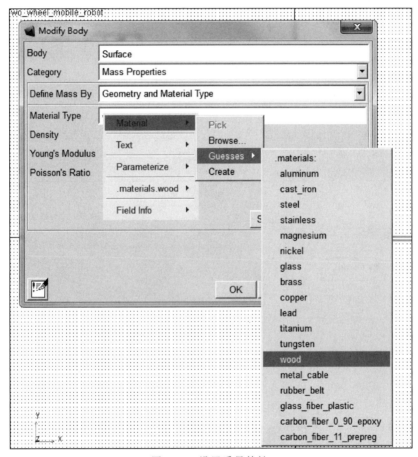

图 4-10 设置质量特性

4）颜色设置

模型颜色设置的步骤如下：

（1）右击需要设置颜色的几何体；

（2）在下菜单中选择 Select 菜单项；

（3）如图 4-11 所示，在软件界面上方的主工具栏中，右击颜色库选择黑色，完成颜色设置。

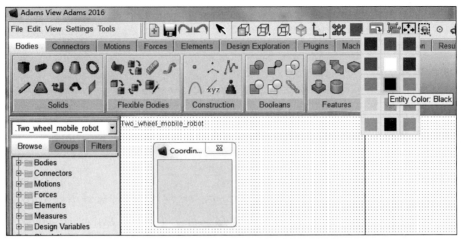

图 4-11　模型颜色设置

2．创建车体

1）创建车体模型

创建车体模型的步骤如下：

（1）在功能区 Bodies 项的 Solids 中，单击 RigidBody：Box 图标，展开选项区；

（2）勾选 Length 复选框，在其下的文本框中输入 10 cm，勾选 Height 复选框，在其下的文本框中输入 2 cm，勾选 Depth 复选框，在其下的文本框中输入 10 cm；

（3）如图 4-12 所示，将光标移至工作区，会显示车体矩形体，单击工作区域中的"－50，10，0（mm）"位置，确保车体模型与地面模型之间距离 10 cm，完成车体模型的创建。

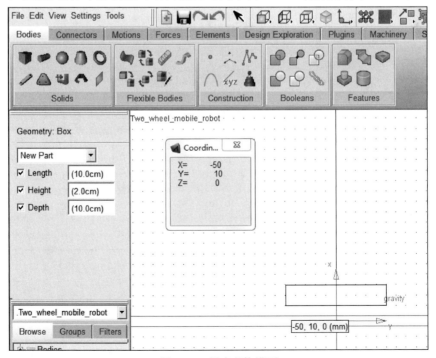

图 4-12　创建车体模型

（4）将车体模型重命名为 Body；

（5）将车体质量属性设置为 steel；

（6）将车体模型设置为红色。

2）车体位置修正

为了给后面的车轮建模和装配留有空间，将车体位置沿全局坐标系 z 轴方向（车体坐标系 y 轴方向）移动 10 cm，具体步骤如下：

（1）在主工具栏中选择顶视图，并将模型缩放到合适大小（主工具栏中视图控制选项经常会用到，需多加练习）；

（2）在主工具栏中选择 Position：Move；

（3）如图 4-13 所示，勾选 Selected，选择 Vector 方式，在下面文本框中输入 1 cm；

（4）光标移到车体模型位置，选择车体模型 Body（可在右击弹出的列表中选择，单击"OK"按钮确定），在车体模型上晃动光标，会出现矢量箭头，当箭头指向移动方向时，单击鼠标左键，完成车体位置修正。

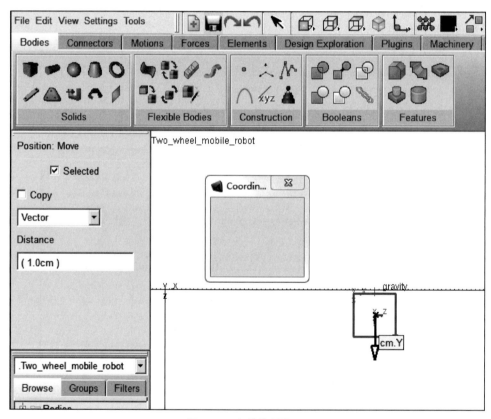

图 4-13　车体位置修正

3. 创建轮子

1）创建轮子模型

双轮机器人有两个驱动轮，轮子的创建步骤如下：

（1）在主工具栏中选择前视图，并将模型缩放到合适大小；

（2）在功能区 Bodies 项的 Solids 中，单击 RigidBody：Cylinder 图标，展开选项区；

（3）勾选 Length 复选框，在其下的文本框中输入 1 cm，勾选 Radius 复选框，在其下的文本框中输入 2 cm；

（4）将光标移至工作区，单击工作区域中的"－40，20，0（mm）"位置，晃动光标会显示车轮形体（从前方看是矩形），在如图 4-14 所示位置单击鼠标左键，完成车轮模型创建；

（5）将车体模型重命名为 Left_wheel；

（6）将车轮质量属性设置为 steel。

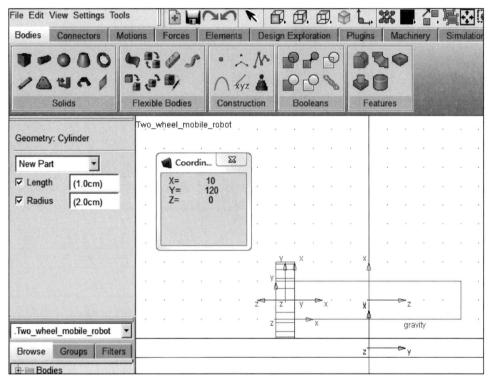

图 4-14　创建轮子模型

2）轮子位姿修正

建模后左车轮模型相对于车体模型的位姿与装配要求的位姿不一致，将轮子模型的位姿修正到正确方向和正确位置，具体步骤如下：

（1）在主工具栏中选择前视图，并将模型缩放到合适大小；

（2）光标移到左车轮模型位置，右击在 Part：Left_wheel 选项中的 Select 菜单项选择左车轮模型；

（3）在主工具栏中选择 Position：Repositioning objects relative to the Working Grid by entering coordinates；

（4）如图 4-15 所示，勾选 Locotion 文本框中输入位置"－40，20，0（mm）"，勾选 Orientation 文本框，在其下的文本框中输入角度"90，0，0"，下拉菜单选择 Rel To Origin；

（5）单击 Set 按钮完成左车轮位姿修正（在主菜单中选择不同视图观察轮子是否修正到正确的位置和方向）。

同理，可建立另一个轮子模型，命名为 Right_wheel，将位置调整为"－40,20,110 (mm)"，方向与 Left_wheel 相同，将车轮模型设置为绿色，质量属性设置为 steel。

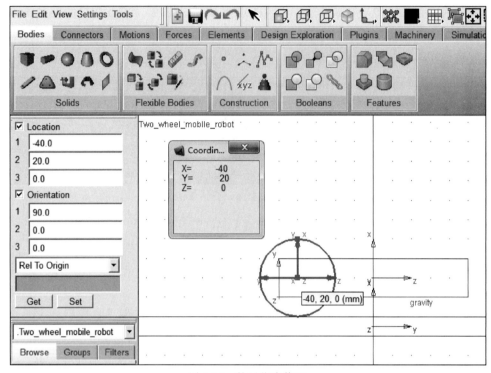

图 4-15 轮子位姿修正

4. 创建支撑

双轮移动机器人，车体除了有两个驱动轮支撑外，通常还会设计第三个支撑点来增加车体的稳定性，可由不需要驱动的小脚轮或球形轮来实现，本实例选用球形轮作为支撑点，建模具体步骤如下：

（1）在主工具栏中选择前视图，并将模型缩放到合适大小；

（2）在功能区 Bodies 项的 Solids 中，单击 RigidBody:Sphere 图标，展开选项区；

（3）勾选 Radius 复选框，在其下的文本框中输入 1 cm，单击工作区域中的"30,10,0 (mm)"位置，完成球形支撑轮建模；

（4）在主工具栏中选择顶视图，选择 Position:Move 将支撑轮位置向全局坐标系 z 轴方向移动 6 cm，得到如图 4-16 所示的模型图；

（5）将球形支撑点模型重命名为 Support_point，质量属性设置为 steel，模型设置为绿色。

双轮移动机器人的几何模型，主要由地面、车体、左右两个驱动轮和球形支撑点几部分组成，通过选择 View 下拉菜单的 Render Model 中的 Solid Fill 选项可以得到机器人模型实体图，通过选择 View 下拉菜单的 View Accessories 选项，弹出 View Accessories 对话框，去掉 Working Grid 选项和 Screen Icons 选项，得到的机器人三维几何模型如图 4-17 所示。

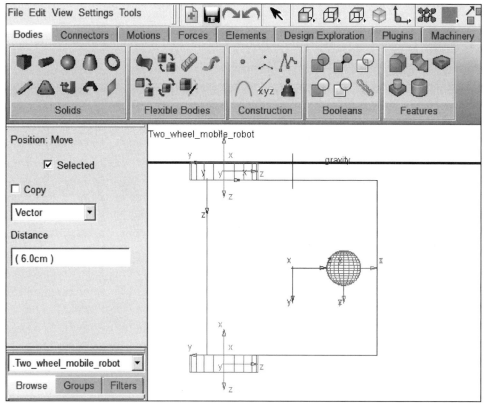

图 4-16　支撑创建图

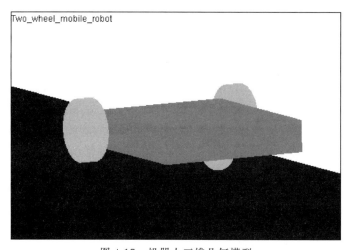

图 4-17　机器人三维几何模型

4.1.3　加载模型约束

1) 创建轮子转动副

机器人运动时轮子相对车体转动,创建轮子和车体之间的转动副步骤如下:

（1）在功能区 Connectors 项的 Joints 中，单击 Create a Revolute joint 图标，展开选项区；

（2）如图 4-18 所示，在 Construction 中选择 2 Bodies-1 Location 和 Pick Geometry Feature，在 1st 中选择 Pick Body，在 2nd 中选择 Pick Body；

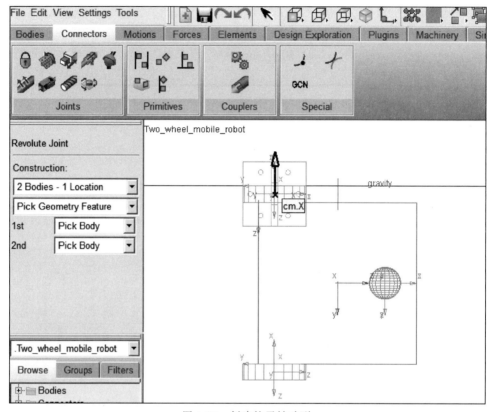

图 4-18　创建轮子转动副

（3）将光标移至工作区模型上，可通过右击弹出列表先选择 Left_wheel 模型，再选择 Body 模型，然后选择轮子中心点 Left_wheel.cm，在轮子中心处晃动光标出现矢量箭头，当箭头指向轮子的旋转轴方向时，单击鼠标左键确定完成左轮子与车体间的转动副 JOINT_1 的创建；

（4）如图 4-19 所示，在工作区内右击转动副图标，选择弹出菜单 Joint：JOINT_1 中的 Modify 选项，可以查看和修改转动副设定；

（5）应用上述方法，完成右轮子与车体间的转动副 JOINT_2 的创建，注意要设置两个轮子转动的矢量箭头方向相同。

2）创建支撑点锁止副

机器人运动时球形支撑点会跟随车体滚动，这样可以减少支撑点与地面的摩擦，为了简化处理将支撑点与车体之间固定，同时去掉支撑点与地面间的摩擦力，其中起固定作用的锁止副的创建步骤如下：

（1）在功能区 Connectors 项的 Joints 中，单击 Create a Fixed joint 图标，展开选项区；

（2）如图 4-20 所示，在 Construction 中选择 2 Bodies-1 Location 和 Pick Geometry Feature，在 1st 中选择 Pick Body，在 2nd 中选择 Pick Body；

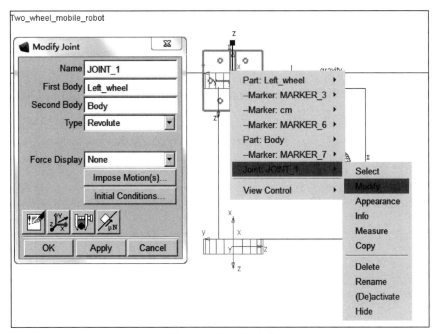

图 4-19　修改转动副

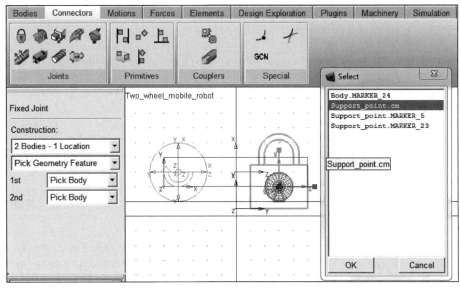

图 4-20　创建支撑点锁止副

（3）将光标移至工作区模型上，可通过右击弹出列表先选择 Support_point 模型，再选择 Body 模型，然后选择球形支撑的中心点 Support_point. cm，在中心处晃动光标出现矢量箭头，再单击鼠标左键来完成球形支撑点与车体间的锁止副 JOINT_3 的创建，在工作区内右击锁止副 JOINT_3 图标，选择弹出菜单 Joint：JOINT_3 中的 Modify 选项，可以查看和修改锁止副设定。

3）创建地面锁止副

机器人在地面上运动，地面保持不动，创建地面锁止副具体步骤如下：

（1）在功能区 Connectors 项的 Joints 中，单击 Create a Fixed joint 图标，展开选项区；

（2）如图 4-21 所示，在 Construction 中选择 1 Location-Bodies impl. 和 Pick Geometry Feature；

（3）将光标移至工作区模型上，选择 Surface.cm 点，然后单击，晃动光标出现矢量箭头，再单击完成地面锁止副 JOINT_4 的创建，在工作区内右击球副锁止副 JOINT_4 图标，选择弹出菜单 Joint:JOINT_4 中的 Modify 选项，可以查看和修改锁止副设定。

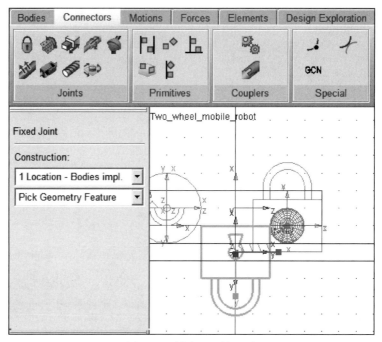

图 4-21　创建地面锁止副

4）创建地面接触力

机器人运动时球形支撑点和轮子会在地面上滚动，受到地面的接触力作用，创建接触力具体步骤如下：

（1）在功能区 Forces 项的 Special Forces 中，单击 Create a Contact 图标，弹出 Create Contact 对话框；

（2）如图 4-22 所示，在 Create Contact 对话框的 I Solid(s)文本框中，右击选择 Pick 选项，光标移到球形支撑点模型处，左击选择 Support_point.ELLIPSOID_5 实体，在 J Solid(s)文本框中，右击选择 Pick 选项，光标移到地面模型处，左击选择 Surface.BOX_1 实体，单击"OK"按钮创建接触力 CONTACT_1，通过右击选择 Contact:CONTACT_1 选项的 Modify 可以查看和修改接触力设置，根据前面的等效处理支撑点与地面无摩擦，Friction Force 选择 None 选项；

（3）应用上述方法创建左车轮与地面间的接触力 CONTACT_2，因为左车轮与地面有摩擦，Friction Force 选择 Coulomb 选项；

（4）应用上述方法创建右车轮与地面间的接触力 CONTACT_3，因为右车轮与地面有摩擦，Friction Force 选择 Coulomb 选项。

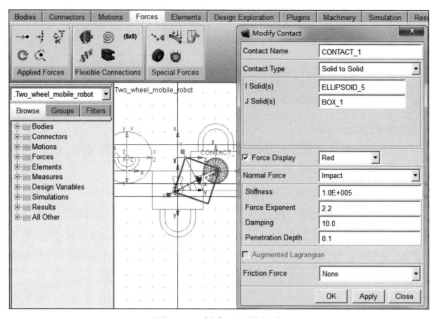

图 4-22　创建地面接触力

5）创建电动机驱动

两轮机器人运动是依靠左轮子和右轮子上的电动机驱动,创建电动机驱动具体步骤如下:

（1）在功能区 Motions 项的 Joint Motions 中,单击 Rotational Joint Motions 图标,展开选项区;

（2）如图 4-23 所示,默认旋转速度 Rot. Speed 的值为 30.0,在工作区选取 JOINT_1,完成左轮子转动副 JOINT_1 上的电动机驱动 MOTION_1 的创建,通过右击选择 Motion: MOTION_1 选项的 Modify 可以查看和修改电动机驱动设置;

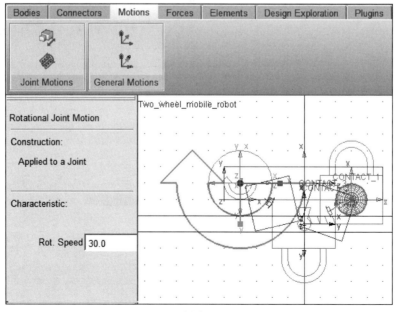

图 4-23　创建电动机驱动

（3）应用上述方法创建右轮子转动副 JOINT_2 上的电动机驱动 MOTION_2。

建议每部分模型建立完成之后都要执行一次保存操作，防止软件崩溃丢失数据。

4.1.4 仿真测量与结果显示

1. 速度仿真

1）电动机驱动设定

机器人在启停运动时，速度是动态变化的，仿真中这个阶段的速度，电动机转动角度设置采用 Step 函数来表示，具体步骤如下所示。

（1）右击前面已经创建的轮子电动机驱动，选择 Motion：MOTION_1 选项的 Modify 选项，弹出 Joint Motions 对话框，在 Function(time)的文本框中，编辑转动函数。

（2）如图 4-24 所示，单击 Function(time)的文本框后的按钮，弹出函数编辑器 Function Builder 对话框，对话框上半部分为公式输入区，左下部分为公式选择区，拉动滑动条找到 Step，双击该函数后，STEP(x,x0,h0,x1,h1)自动加入公式输入区。

（3）Step 函数中的时间变量 x 设为 time，转动的开始时间 x0 设为 2，转动角的开始值 h0 设为 0，转动的终止时间 x1 设为 5，速度角的终止值 h1 设为 90d。

（4）完成左轮子转动函数设定后，单击"OK"按钮关闭 Function Builder 对话框，这时 Function(time)的文本框中自动输入了已编辑的 Step 函数，再单击"OK"按钮关闭 Joint Motions 对话框，完成左轮子电动机驱动设定。

（5）应用上述方法完成右轮子电动机驱动设定，函数参数与左轮子一致。

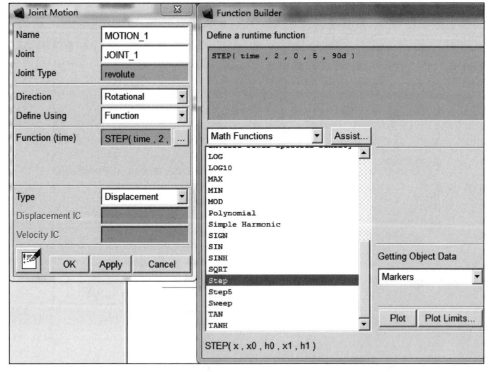

图 4-24　电动机驱动设定

2）模型仿真解算

设定电动机驱动后的机器人模型可以进行运动仿真,仿真需要设定结束时间和步长,如图 4-25 所示,模型仿真的具体步骤如下:

(1) 在功能区 Simulation 项的 Simulate 中,单击 Run an Interactive Simulation 图标,展开 Simulation Control 对话框;

(2) 在 Simulation Control 对话框中,设置 End Time 为 7,Step 为 100;

(3) 单击"Start simulation"按钮,开始模型仿真。

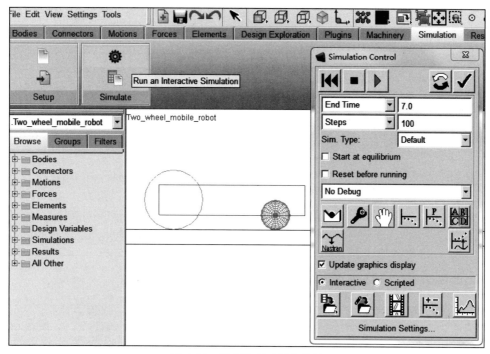

图 4-25　设定结束时间和步长

3）播放仿真过程

对模型进行仿真求解后,可以通过动画播放(Animation)来观看仿真过程,如图 4-26 所示,具体步骤如下:

(1) 在功能区 Results 项的 Review 中,单击 Displays the Animation Control dialog 图标,弹出 Animation Control 对话框;

(2) 通过分别单击播放控制图标,实现回到初始状态、快速后退、慢速后退、停止、慢速前进和快速前进播放动画,按钮下方进度条可控制实现动画上一步和下一步显示;

(3) 可以观察到机器人向前移动,经过启动、加速、减速和停止过程。

4）测量分析

机器人轮子受到电动机驱动旋转,轮子也受到地面接触摩擦力作用,车体会向前运动,图 4-27 给出轮子转速和车体速度的测量方法。

(1) 在工作区选择轮子模型,右击弹出下拉菜单选择 Part:Left wheel 中的 Measure 选项,弹出 Part Measure 对话框。

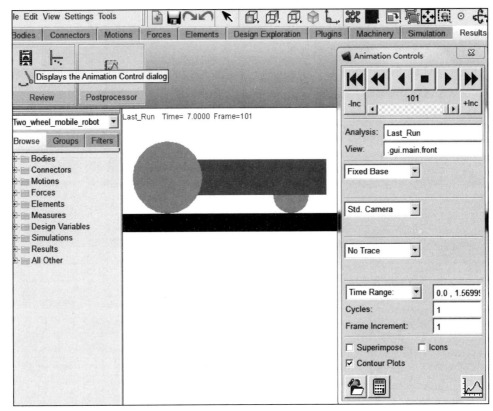

图 4-26　动画播放

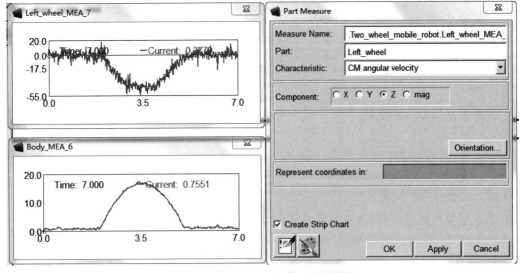

图 4-27　轮子转速和车体速度的测量

（2）在 Part Measure 对话框中的 Characteristic 文本框中选择 CM angular velocity 项，在 Component 中选择 z 轴。

（3）单击"OK"按钮弹出左轮转速测量曲线。

（4）观察发现在 3.5 s 时刻轮子转速最大。

（5）应用上述方法，对车体模型右击弹出 Part Measure 对话框，注意，在 Characteristic 文本框中选择 CM velocity 项，在 Component 中选择 x 轴，单击"OK"按钮弹出车体速度测量曲线。

（6）观察发现在 3.5 s 时刻车体速度最大。

轮子与地面间不是位置约束，而是通过摩擦力约束有滑动倾向，同时轮子与地面接触弹性力引起速度曲线抖动。

2. 路径仿真

当双轮机器人的两个驱动轮设定不同的转速时，机器人车体会做曲线运动，仿真这一过程的具体步骤如下所示：

（1）右击前面已经创建的左轮子电动机驱动，选择 Motion：MOTION_1 选项的 Modify 选项，弹出 Joint Motions 对话框，在 Function(time)的文本框中输入 60d * time；

（2）右击前面已经创建的右轮子电动机驱动，选择 Motion：MOTION_2 选项的 Modify 选项，弹出 Joint Motions 对话框，在 Function(time)的文本框中输入 30d * time；

（3）在仿真解算的 Simulation Control 对话框中，设置 End Time 为 14，Step 为 200，启动仿真；

（4）解算完成后播放仿真过程，可以看出机器人做圆弧曲线运动；

（5）如图 4-28 所示，在工作区点选车体模型，右击弹出下拉菜单选择 Part：Body 中的 Measure 选项，弹出 Part Measure 对话框，对话框中的 Characteristic 文本框中选择 CM position 项，在 Component 中选择 x 轴，单击"Apply"按钮弹出机器人在 x 轴方向的位移测量曲线；

（6）保持 Part Measure 对话框不关闭，在 Component 中选择 z 轴，单击"OK"按钮弹出机器人在 z 轴方向的位移测量曲线；

（7）通过观察 z 轴方向的位移测量曲线和 x 轴方向的位移测量曲线，分析可得机器人在地面上做圆弧曲线路径。

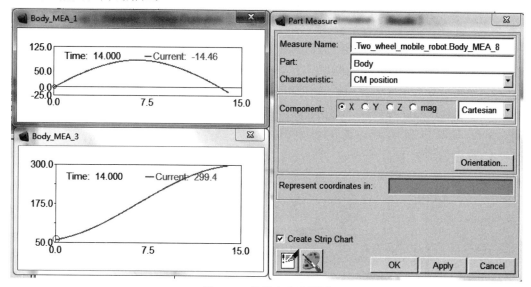

图 4-28　机器人位移测量

4.2　自平衡机器人运动仿真

自平衡机器人如图 4-29 所示,人们通常用它日常代步。假设有一自平衡机器人的滚轮半径为 2 cm,轮子宽度为 2 cm,主体部分由 10 cm×5 cm×50 cm 的长方体摆杆表示,使用 Adams 软件仿真自平衡机器人通过反馈控制,实现摆杆能够保持某一倾斜角度向前运动。

图 4-29　自平衡机器人

4.2.1　模型建立与导入

1）绘制滚轮模型

这个实例主要对自平衡机器人直线运动特性进行仿真,不考虑转向问题,将自平衡机器人进行等效处理,简化成摆杆和滚轮两部分,可以通过 Proe 软件建模导入 Adams 中,具体建模步骤如下所示。

(1) 双击桌面 Proe 快捷图标,启动软件,在文件菜单下,选择设置工作目录,选择 E 盘的 robot 文件夹,单击"确定"按钮。

(2) 单击工具栏里的新建图标,创建新对象,弹出新建对话框,选择零件选项,默认名称 prt0001,不勾选使用缺省模板,单击"确定"按钮,弹出新建文件选项,选择 mmns_part_solid 模板,单击"确定"按钮,工作区进入绘图环境。

(3) 选中工作区 TOP 平面,单击工具栏中的草绘图标,进入草图绘制环境,弹出草绘对话框,单击草绘按钮关闭对话框,开始绘制草图。

(4) 在工具栏中单击选择画圆图标,在草绘区单击原点位置,拖动出现圆形,单击左键完成圆形绘制,通过单击工具栏选取项目的箭头图标,再双击绘制区的圆形尺寸数字,将直径尺寸值更改为 200,按 Enter 键保存更改,然后单击工具栏中的"对号"图标,退出草绘环境。

(5) 选择工具栏中的拉伸工具,进入拉伸设置环境,如图 4-30 所示,在视图上方设置拉伸草绘平面两侧,深度值为 200,单击"对号"图标,保存更改完成机器人滚轮模型的建立。

(6) 单击"保存"图标,完成滚轮零件保存。

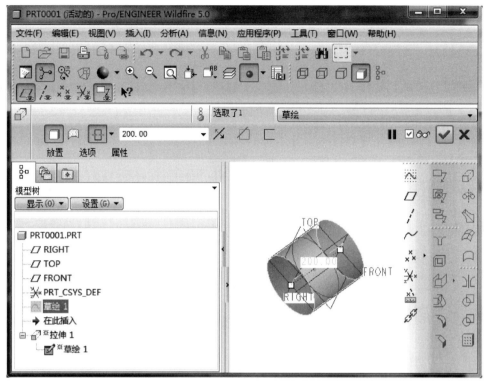

图 4-30　拉伸设置

2）绘制摆杆模型

具体建模步骤如下所示。

（1）单击工具栏里的新建图标，创建新对象，弹出新建对话框，选择零件选项，默认名称 prt0002，不勾选使用缺省模板，单击"确定"按钮，弹出新建文件选项，选择 mmns_part_solid 模板，单击"确定"按钮，工作区进入绘图环境。

（2）选中工作区 TOP 平面，单击工具栏中的草绘图标，进入草图绘制环境，弹出草绘对话框，单击"草绘"按钮关闭对话框，开始绘制草图。

（3）在工具栏中单击选择画矩形图标，在草绘区中间位置绘制矩形，通过选取箭头图标双击绘制区的尺寸数字来更改矩形尺寸，将尺寸更改为宽度 100，高度 500，更改定位尺寸确保矩形与绘图参照直线对称，单击工具栏中的"对号"图标，退出草绘环境。

（4）选择工具栏中的拉伸工具，进入拉伸设置环境，在视图上方设置拉伸草绘平面两侧，深度值为 50，单击"对号"图标，保存更改。

（5）再次选中工作区 TOP 平面，单击工具栏中的草绘图标，进入草图绘制环境对摆杆穿孔，在草绘环境下，在原来的矩形内绘制直径为 50 的圆孔，圆心位置距离下边界 50，距离左右边界也是 50。

（6）退出草绘环境，进入拉伸设置环境，在视图上方设置拉伸草绘平面两侧，深度值为 50，同时点选去除材料，单击"对号"图标，保存更改完成机器人摆杆模型的建立，如图 4-31 所示。

（7）单击"保存"图标，完成摆杆零件的保存。

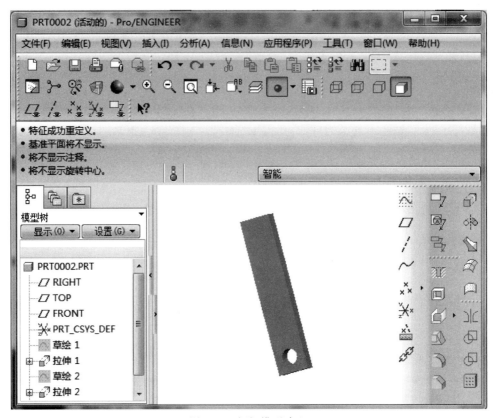

图 4-31 摆杆模型建立

3）模型装配

模型装配具体步骤如下所示。

（1）单击工具栏里的新建图标，创建新对象，弹出新建对话框，选择组件选项，默认名称asm0001，不勾选使用缺省模板，单击"确定"按钮，弹出新建文件选项，选择 mmns_asm_design 模板，单击"确定"按钮，工作区进入装配环境。

（2）单击右侧工具栏中的装配图标，选择滚轮零件 prt0001，单击打开将零件载入，在装配环境下，在上方基于所选参照的自动约束的下拉菜单中设置成缺省，装配状态显示完全约束，单击"对号"图标保存更改，退出装配环境。

（3）再次单击右侧工具栏中的装配图标，选择摆杆零件 prt0002，单击打开将零件载入，在装配区，先单击摆杆孔的轴线，再单击滚轮轴线后，两个零件就以轴线对齐自动装配在一起，然后先单击摆杆 TOP 平面，再单击滚轮 TOP 平面，两个零件就以 TOP 平面对齐自动装配调整位置，通过这两次自动装配对齐约束可在上方设置下拉菜单中查看和修改，单击"对号"图标保存更改，退出装配环境，得到装配图如图 4-32 所示。

（4）单击"保存"图标，完成装配模型的保存。

4）模型导入

在 Proe 中建立的机器人三维模型导入 Adams 的具体步骤如下。

（1）在 Proe 软件文件下拉菜单中，单击保存副本选项，弹出保存副本对话框。

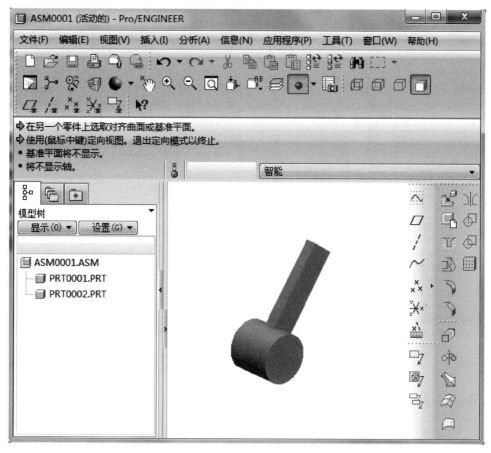

图 4-32　装配图

（2）在保存副本对话框中选择建好机器人装配模型 asm0001，新建名称设置为 Self_balancing_robot，选择抛物面（∗.x_t）类型，单击"确定"按钮弹出导入 PARASOLID 对话框，再单击"确定"按钮，导出模型文件 asm0001.x_t。

（3）启动 Adams 软件，在欢迎界面中选中 New Model，在对话框的 Model name 栏中，输入 Self_balancing_robot，修改 Working Directory，可以改为 E:\robot（在 E 盘已经存在 robot 文件夹），单击"OK"按钮完成模型名称的创建和路径的设置。

（4）在主菜单 File 下拉菜单中选择 Import 选项，弹出 File Import 对话框，如图 4-33 所示在 File Type 中选择 Parasolid（∗.xmt_txt，∗.x_t，∗.xmt_bin，∗.x_b），File To Read 的文本框中右击选择 Browse... 项，在弹出的对话框中选择前面导出的文件 asm0001.x_t 并打开，在 Model Name 文本框中右击选择 Model 项，在选择 Guesses 中的 Self_balancing_robot，单击"OK"按钮完成自平衡机器人模型导入。

本实例机器人模型是通过 Proe 三维软件绘制，也可使用其他三维软件，最后生成（∗.x_t）类型文件导入即可，当然也可按照前面双轮机器人的例子，在 Adams 软件中直接绘制。

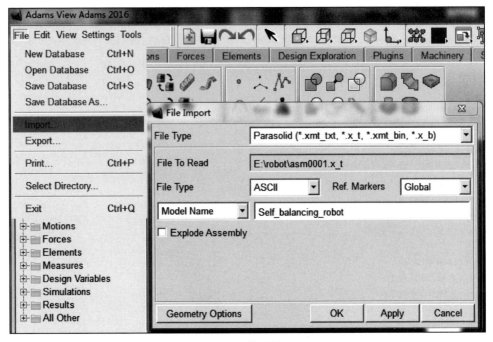

图 4-33　模型导入

4.2.2　配置环境与约束加载

前一个双轮机器人仿真实例已经详细介绍了一些操作方法,若本实例中有相同的操作就不再详细介绍,模型导入 Adams 后需要进一步配置软件环境,具体步骤如下:

(1) 在 Units Setting 对话框中,设置 Length 为 Millimeter,Mass 为 Kilogram,Force 为 Newton,Time 为 Second,Angle 为 Degree,Frequency 为 Hertz;

(2) 将摆杆模型重命名,将 Part:PRT0002 改为 Part:Pendulum,将滚轮模型重命名,将 Part:PRT0001 改为 Part:Wheel;

(3) 将摆杆模型颜色改为红色 Red,将滚轮模型颜色改为绿色 Green;

(4) 将摆杆模型质量属性设置为 wood,将滚轮模型质量属性设置为 steel;

(5) 建立地面模型尺寸为 Length 为 150 cm,Height 为 150 cm,Depth 为 10 cm,移动地面模型到全局坐标(−750,−750,100)处使滚轮与地面刚好接触;

(6) 地面模型颜色设置为黑色 Black,将地面模型质量属性设置为 wood,将地面模型 Part:PART_4 重命名改为 Part:Surface;

(7) 地面与滚轮之间建接触力 CONTACT_1,设置成摩擦力 Coulomb;

(8) 摆杆与滚轮之间设置为旋转副 JOINT_1,位置选择滚轮中心,旋转轴为滚轮轴线方向;

(9) 地面模型选用锁止副 JOINT_2 空间固定;

(10) 在主菜单中,选择 Setting 下拉菜单中的 Gravity 菜单项,打开 Gravity Setting 对话框设置重力,X 文本框输入 0.0,Y 文本框输入 0.0,Z 文本框输入 9806.65,单击"OK"按钮完成重力设置。

至此完成自平衡机器人导入，环境配置和约束加载，如图 4-34 所示。

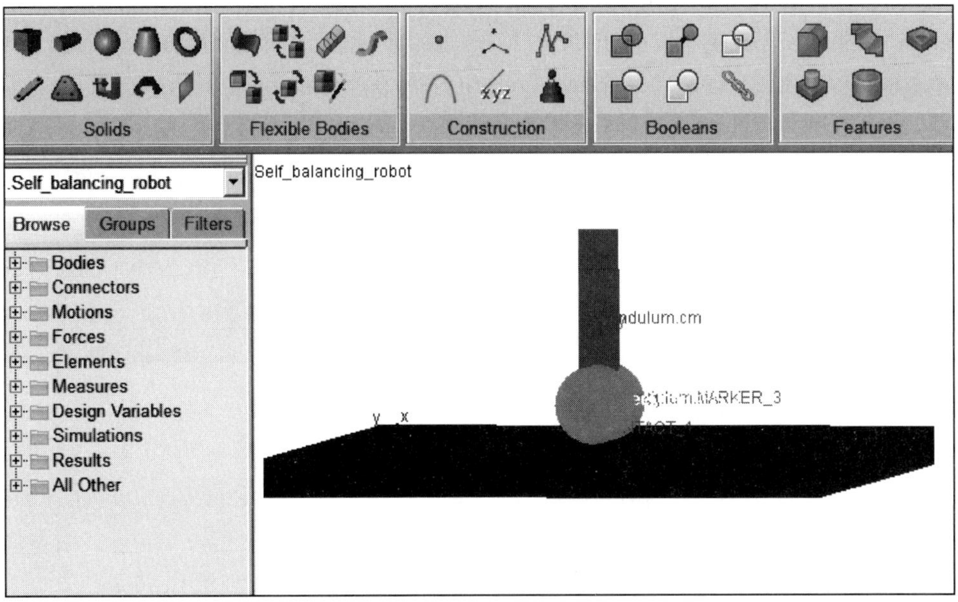

图 4-34　自平衡机器人模型

4.2.3　控制模块搭建

自平衡机器人的摆杆和滚轮需要由同一电动机来驱动，在本例的简化模型中，需要在摆杆和滚轮的转动副处加一个电动机驱动，根据牛顿定律可知其运动控制原理如下，当机器人向前加速运动时摆杆向前倾斜，向后加速运动时摆杆向后倾斜，当机器人静止或匀速直线运动时，摆杆保持直立，同时在扰动条件下机器人还应保持姿态的可控性，这需要搭建一个反馈控制模块来实现，反馈控制模块的主要包括建立反馈变量、电动机力矩和控制函数三部分。

1. 建立反馈变量

反馈变量主要包括摆杆倾斜角测量变量和摆杆转速测量变量，具体步骤如下。

（1）摆角测量变量通过三点法创建，在功能区 Bodies 项的 Construction 中，单击 Construction：Geometry Marker 图标，展开选项区，在 Geometry Marker 中选择 Add to Ground，光标移至工作区，任意位置单击左键创建 Marker_4。

（2）然后在主工具栏中选择 Position：Repositioning objects relative to the Working Grid by entering coordinates，将刚创建的 Marker_4 移到全局坐标(750,0,0)的位置。

（3）如图 4-35 在功能区 Design Exploration 项的 Measures 中，单击 Create a new Angle Measure 图标，展开选项区，再展开区单击 Advanced 按钮弹出 Angle Measure 对话框，在 First Marker 中右击选择 Marker 中的 Pick 选项，单击选择已创建的 ground：MARKER_4 点，在 Middle Marker 中右击选择 Marker 中的 Pick 选项，单击选择滚轮中心点 Wheel. cm，在 Last Marker 中右击选择 Marker 中的 Pick 选项，单击选择摆杆中心点 Pendulum. cm。

（4）单击"OK"按钮完成摆角测量变量 MEA_ANGLE_1 创建。

（5）创建摆杆转速测量变量，在工作区点选摆杆模型，右击弹出下拉菜单选择 Part：Pendulum 中的 Measure 选项，弹出 Part Measure 对话框，在 Part Measure 对话框中的 Characteristic 文本框中选择 CM angular velocity 项，在 Component 中选择 y 轴。

（6）单击"OK"按钮创建摆杆转速测量变量 Pendulum_MEA_1。

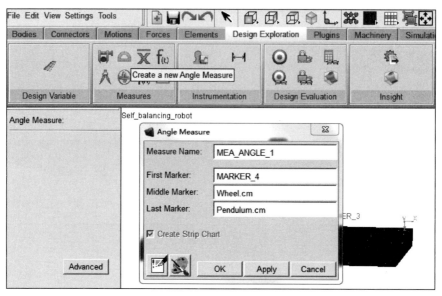

图 4-35　摆角测量变量

2. 建立电动机力矩

在滚轮模型和摆杆模型之间创建电动机力矩驱动，力矩方向与摆杆摆动方向相同，具体步骤如下。

（1）加载电动机力矩驱动，在功能区 Forces 项的 Applied Forces 中，单击 Create a Torque（Single-component）Applied Force 图标，展开选项区。

（2）如图 4-35 所示，在 Run-time Direction 文本框中选择 Two Bodies，在 Characteristic 文本框中选择 Constant。

（3）光标移到球轮模型处，单击选择 Wheel 模型，光标移到摆杆模型处，单击选择另一个体 Pendulum 模型，然后将光标移到球轮模型的中心处单击一个点 Wheel.cm 点，在球轮模型的中心处右击，在弹出的菜单中仍然选择 Wheel.cm 点作为另一个点。

（4）如图 4-36 所示，通过选择两体和两点方式创建了电动机力矩 SFORCE_1，自平衡机器人模型中出现力矩图标。

3. 建立控制函数

Adams 能够通过编写力矩函数对几何模型进行简单控制，自平衡机器人通过测量摆杆倾角和摆杆转速值，反馈调节电动机力矩进行控制，具体步骤如下。

（1）在工作区电动机力矩图标位置右击弹出下拉菜单，选择 Torque：SFORCE_1 中的 Modify 选项，弹出 Modify Torque 对话框。

（2）在 Modify Torque 对话框中，单击 Function 文本编辑框后面的按钮，弹出 Function Builder 函数编辑器。

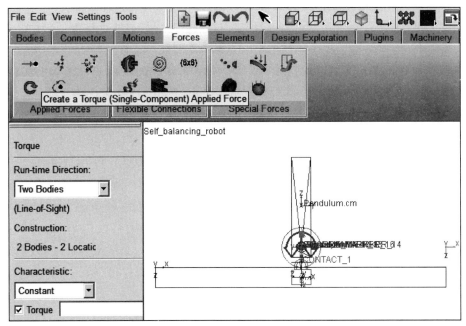

图 4-36　创建电动机力矩

（3）在函数编辑器的 Define a runtime function 中编写机器人电动机力矩控制函数，单击使光标定位在公式编辑区插入位置。

（4）如图 4-37 所示在函数编辑器下面 Getting Object Data 的下拉菜单中选择 Measure 选项，在后面文本框中，右击选择 Runtime_Measure 中 Guesses 的 MEA_ANGLE_1，再单击文本框下面的 Insert Object Name，将选中的摆角测量变量 MEA_ANGLE_1 插入到公式编辑区。

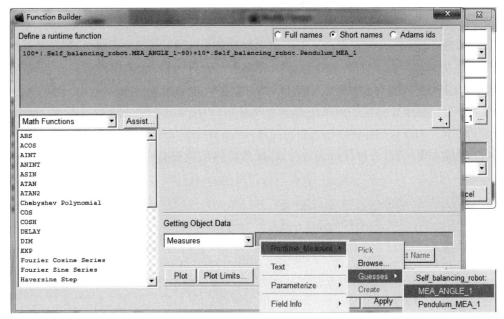

图 4-37　函数编辑器

（5）同理插入摆杆转速测量变量，单击使光标定位在公式编辑区插入位置，在函数编辑器下面 Getting Object Data 的下拉菜单中选择 Measure 选项，在后面文本框中，右击选择 Runtime_Measure 中 Guesses 的 Pendulum_MEA_1，再单击文本框下面的 Insert Object Name。

（6）继续编辑电动机力矩控制函数，加入摆杆倾角期望值 90 和反馈系数（100,10），最终控制函数具有如下形式：

```
100 * (.Self_balancing_robot.MEA_ANGLE_1 - 90) + 10 * .Self_balancing_robot.Pendulum_MEA_1
```

（7）单击"OK"按钮关闭 Function Builder 函数编辑器，再单击"OK"按钮关闭 Modify Torque 对话框，完成电动机力矩控制函数创建。

4.2.4 运动控制仿真

自平衡机器人的运动仿真主要获取包括摆杆摆动和机器人直线运动曲线，分别在不同的控制函数条件下进行分析。

具体仿真过程如下：

（1）在功能区 Simulation 项的 Simulate 中，单击 Run an Interactive Simulation 图标，展开 Simulation Control 对话框，设置 End Time 为 10，Step 为 200，单击 Start simulation 按钮，开始模型仿真。

（2）仿真结果表明在摆杆倾角 90 期望值时，自平衡机器人可以保持直立稳定状态。

（3）打开电动机力矩函数编辑器，将摆杆倾角期望值设置为 120，具体函数表达式如下：

```
100 * (.Self_balancing_robot.MEA_ANGLE_1 - 120) + 10 * .Self_balancing_robot.Pendulum_MEA_1
```

（4）展开 Simulation Control 对话框，设置 End Time 为 3，Step 为 30，再次进行仿真，测量机器人摆杆倾角和机器人滚轮位移曲线。

（5）如图 4-38 所示，可以看出上面机器人摆杆倾角曲线从 90°快速增加，经过波动逐渐稳定不再变化，而下面位移曲线表明机器人向着负半轴方向运动，观察右面的机器人位姿，可知仿真结束时机器人移动到地面右边缘，摆杆姿态向运动方向倾斜。

（6）如果控制函数中摆杆倾角期望值设置成 70，则机器人向相反方向运动，摆杆倾斜方向与运动方向一致。

（7）编辑力矩函数，去掉摆杆速度反馈，将摆杆倾角期望值设置为 120，具体函数表达式如下：

```
100 * (.Self_balancing_robot.MEA_ANGLE_1 - 120)
```

（8）展开 Simulation Control 对话框，设置 End Time 为 3，Step 为 30，再次进行仿真，测量机器人摆杆倾角和机器人滚轮位移曲线如图 4-39 所示，可以看出上面机器人摆杆倾角曲线不断波动，而下面位移曲线也有波动趋势，曲线对比表明速度反馈在自平衡机器人运动稳定控制方面的重要性。

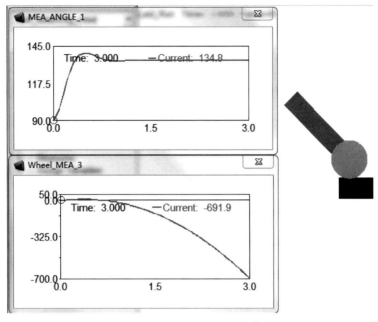

图 4-38 带速度反馈的测量曲线

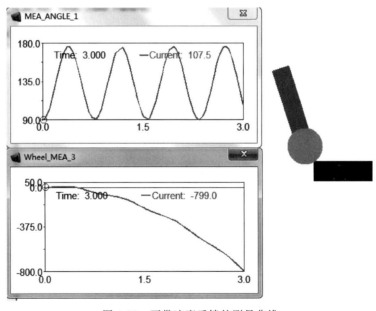

图 4-39 不带速度反馈的测量曲线

4.3 本章小结

通过两轮移动机器人和自平衡移动机器人仿真实例的介绍,可掌握机器人在 Adams 中几何建模和在其他三维软件建模导入的方法,同时针对不同机器人的运动特点加载运动副和电动机驱动,包括运动驱动和力矩驱动。Adams 软件可以对移动机器人进行运动仿真,测量出的运动量通过曲线的形式展示出来,机器人的运动特性不但与机器人的结构有关,而且还与仿真过程中运动约束的设置和控制函数的具体形式有关,尤其是自平衡机器人的控制稳定性,不但需要建立正确的反馈变量,还要不断调节优化控制参数才能得到预期效果,甚至机器人的质量参数对机器人运动稳定性也有一定影响。

4.4　思考练习题

1. 三维软件建立模型导入 Adams 软件后,还需要进行哪些环境配置?
2. 三点法测量角度是如何实现的?
3. 改变质量参数会对自平衡机器人运动有何影响,如何通过控制方法改善稳定性?

第5章 臂式机器人运动仿真

在第 4 章我们对移动机器人应用 Adams 软件进行了运动仿真分析,本章将进一步应用 Adams 软件对臂式机器人进行运动分析和动力学分析,由于臂式机器人是多自由度的机械系统,所以动力学分析十分重要,Adams 软件提供了很方便的动力学分析手段。通过对臂式机器人的运动分析可以进一步掌握 Adams 软件的仿真方法,还可以掌握臂式机器人的运动特性和确定电动机选型所需要的驱动力矩,这是保证所设计的臂式机器人能够完成预期任务必需的环节。本章将通过串联和并联两种臂式机器人运动仿真实例,对机器人进行几何建模和添加约束,以及对模型进行仿真解算、结果后处理和运动分析。

5.1 串联机械臂运动仿真

机械臂在工业上应用很广泛,工业上应用的串联臂式机器人如图 5-1 所示,通常具有 6 个自由度,假设机器人具有腰关节、肩关节、肘关节和 RBR 型三自由度手腕构成,腰部高度为 30 cm,大臂长度为 30 cm,小臂长度为 25 cm,通过 Adams 软件建立串联型臂式机器人的几何模型,并进行运动仿真分析。

图 5-1 串联臂式机器人

5.1.1 串联机器人模型

1. 环境设置

双击桌面上的 Adams View 快捷图标。或者在开始菜单中展开 Adams 文件夹,单击 Adams View 图标,环境配置具体操作步骤如下。

1) 启动软件

(1) 在欢迎界面中选中 New Model;

(2) 在对话框的 Model name 栏中,输入 Serial_robot;

(3) 修改 Working Directory,可以改为 E:\robot(在 E 盘已经创建了 robot 文件夹);

(4) 单击"OK"按钮完成模型名称的创建和路径的设置。

2) 设置单位

(1) 在主菜单中,选择 Setting 下拉菜单中的 Units 菜单项,打开 Units Setting 对话框;

(2) 在 Units Setting 对话框中,取默认设置,Length 为 Millimeter,Mass 为 Kilogram,Force 为 Newton,Time 为 Second,Angle 为 Degree,Frequency 为 Hertz;

(3) 单击"OK"按钮完成单位的设置。

3) 设置工作网格

设置工作网格的步骤如下:

(1) 在主菜单中,选择 Settings 下拉菜单中的 Working Grid 菜单项,打开 Working Grid Settings 对话框;

(2) 在 Working Grid Settings 对话框中,将 Size 的 X 值设置为 1 000 mm,Y 值设置为 1 000 mm,将 Spacing 的 X 和 Y 均设置为 10 mm;

(3) 单击"OK"按钮完成工作网格的设置。

4) 设置图标大小

设置图标大小的步骤如下:

(1) 在主菜单中,选择 Settings 下拉菜单中的 Icons 菜单项,打开 Icons Settings 对话框;

(2) 在 Icons Settings 对话框中,将 New Size 设置为 20;

(3) 单击"OK"按钮完成图标大小的设置。

5) 打开光标位置显示

打开光标位置显示的步骤如下:

(1) 单击工作区域;

(2) 在主菜单中,选择 View 下拉菜单中的 Coordinate Window F4 菜单项,或单击工作区域后按 F4 快捷键,即可打开光标位置显示。

2. 几何建模

1) 创建基座模型

创建初始基座模型步骤如下:

(1) 在功能区 Bodies 项的 Solids 中,单击 RigidBody:Box 图标,展开选项区;

（2）勾选 Length 复选框，在其下的文本框中输入 20 cm，勾选 Height 复选框，在其下的文本框中输入 20 cm，勾选 Depth 复选框，在其下的文本框中输入 20 cm；

（3）光标移至工作区，会显示地面矩形体，单击工作区域中的（0，0，0（mm）），完成基座模型创建；

（4）选择 Part：PART_2 下拉菜单中 Rename 菜单项，打开 Rename 对话框，将 New Name 文本框中内容更新为 Base；

（5）在 Modify Body 对话框中，Define Mass by 选择 Geometry and Material Type 方式，在 Material Type 文本框中右击弹出菜单，在 Material 的 Guesses 中选择 steel 材料；

（6）选择基座模型，在软件界面上方的主工具栏中，右击颜色库选择黑色，完成颜色设置。

按照上述步骤完成机器人基座模型的创建，如图 5-2 所示。

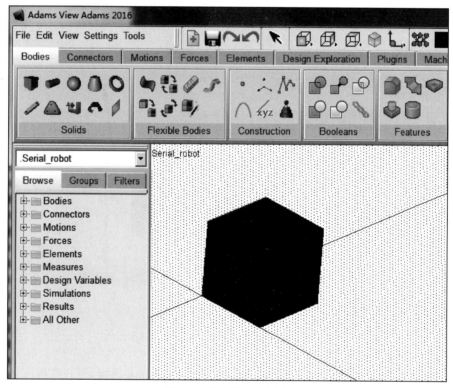

图 5-2　基座模型的创建

2）创建腰部模型

创建腰部模型的步骤如下：

（1）在功能区 Bodies 项的 Solids 中，单击 RigidBody：Cylinder 图标，展开选项区；

（2）勾选 Length 复选框，在其下的文本框中输入 10 cm，勾选 Radius 复选框，在其下的文本框中输入 5 cm；

（3）将光标移至工作区，任意位置拖动左键，会显示圆柱体，单击鼠标左键生成圆柱体，完成腰部模型创建。

（4）在主工具栏中选择 Position：Repositioning objects relative to the Working Grid by entering coordinates，勾选 Locotion 文本框中输入位置（100，100，200），勾选 Orientation 文本框中输入角度（0，0，0），单击"Set"按钮，完成腰部模型位姿修正，使腰部模型位于基座模型的上面；

（5）将腰部模型重命名为 Waist；

（6）将车体质量属性设置为 steel；

（7）将车体模型设置为黄色。

按照上述步骤完成机器人腰部模型的创建，如图 5-3 所示。

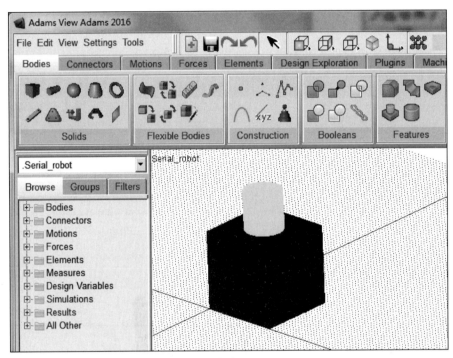

图 5-3　腰部模型的创建

3）创建大臂模型

创建大臂模型的步骤如下：

（1）在功能区 Bodies 项的 Solids 中，单击 RigidBody：Link 图标，展开选项区；

（2）勾选 Length 复选框，在其下的文本框中输入 30 cm，勾选 Width 复选框，在其下的文本框中输入 10 cm，勾选 Depth 复选框，在其下的文本框中输入 5 cm；

（3）将光标移至工作区，任意位置拖动左键，会显示连杆，单击左键生成连杆，完成大臂模型创建。

（4）在主工具栏中选择 Position：Repositioning objects relative to the Working Grid by entering coordinates，勾选 Locotion 文本框中输入位置（100，100，300），勾选 Orientation 文本框中输入角度（0，90，90），单击"Set"按钮，完成大臂模型位姿修正，使大臂模型位于腰部模型的上面；

（5）将大臂模型重命名为 Big_arm；

（6）将大臂质量属性设置为 steel；

（7）将大臂模型设置为红色。

按照上述步骤完成机器人大臂模型的创建，如图 5-4 所示。

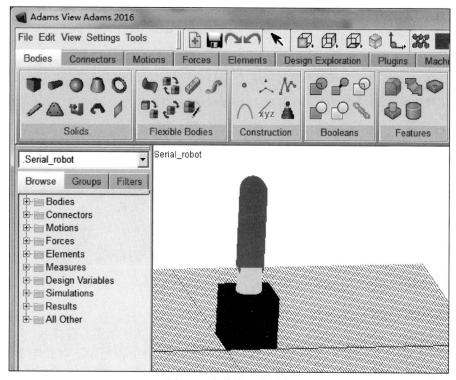

图 5-4　大臂模型的创建

4）创建小臂模型

创建小臂模型的步骤如下：

（1）在功能区 Bodies 项的 Solids 中，单击 RigidBody：Link 图标，展开选项区；

（2）勾选 Length 复选框，在其下的文本框中输入 25 cm，勾选 Width 复选框，在其下的文本框中输入 10 cm，勾选 Depth 复选框，在其下的文本框中输入 5 cm；

（3）将光标移至工作区，任意位置拖动鼠标左键，会显示连杆，单击鼠标左键生成连杆，完成小臂模型创建；

（4）在主工具栏中选择 Position：Repositioning objects relative to the Working Grid by entering coordinates，勾选 Locotion 文本框中输入位置（100，100，600），勾选 Orientation 文本框中输入角度（0，90，60），单击"Set"按钮，完成小臂模型位姿修正，使小臂模型位于大臂模型上面；

（5）将小臂模型重命名为 Small_arm；

（6）将小臂质量属性设置为 steel；

（7）将小臂模型设置为绿色。

按照上述步骤完成机器人小臂模型的创建，如图 5-5 所示。

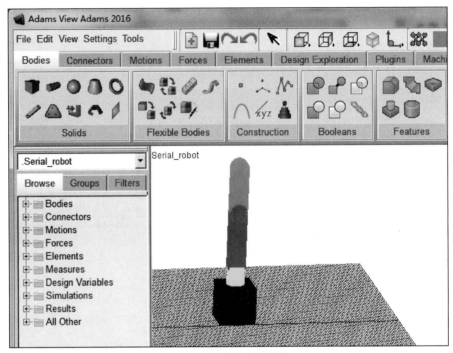

图 5-5　小臂模型的创建

5）创建腕部模型

采用具有三个自由度 RBR 型腕部，由 3 个子模型组成，具体创建步骤如下：

（1）在功能区 Bodies 项的 Solids 中，单击 RigidBody：Cylinder 图标，展开选项区；

（2）勾选 Length 复选框，在其下的文本框中输入 5 cm，勾选 Radius 复选框，在其下的文本框中输入 2 cm；

（3）将光标移至工作区，任意位置拖动左键，会显示圆柱体，单击左键生成圆柱体，完成腕部第一个子模型创建；

（4）在主工具栏中选择 Position：Repositioning objects relative to the Working Grid by entering coordinates，勾选 Locotion 文本框中输入位置（100，100，850），勾选 Orientation 文本框中输入角度（0，0，0），单击"Set"按钮，完成模型位姿修正；

（5）将第一个子模型重命名为 First_wrist；

（6）在功能区 Bodies 项的 Solids 中，单击 RigidBody：Link 图标，展开选项区；

（7）勾选 Length 复选框，在其下的文本框中输入 5 cm，勾选 Width 复选框，在其下的文本框中输入 4 cm，勾选 Depth 复选框，在其下的文本框中输入 2 cm；

（8）将光标移至工作区，任意位置拖动左键，会显示连杆，单击左键生成连杆，完成腕部第二个子模型创建；

（9）在主工具栏中选择 Position：Repositioning objects relative to the Working Grid by entering coordinates，勾选 Locotion 文本框中输入位置（100，100，900），勾选 Orientation 文本框中输入角度（0，90，60），单击"Set"按钮，完成模型位姿修正；

（10）将第二个子模型重命名为 Second_wrist；

（11）在功能区 Bodies 项的 Solids 中，单击 RigidBody：Cylinder 图标，展开选项区；

（12）勾选 Length 复选框，在其下的文本框中输入 5 cm，勾选 Radius 复选框，在其下的文本框中输入 2 cm；

（13）将光标移至工作区，任意位置拖动左键，会显示圆柱体，单击左键生成圆柱体，完成腕部第三个子模型创建；

（14）在主工具栏中选择 Position：Repositioning objects relative to the Working Grid by entering coordinates，勾选 Locotion 文本框中输入位置（100，100，950），勾选 Orientation 文本框中输入角度（0，0，0），单击"Set"按钮，完成模型位姿修正；

（15）将第三个子模型重命名为 Third_wrist；

（16）将腕部三个子模型质量属性设置为 steel；

（17）将腕部三个子模型设置为蓝色。

按照上述步骤完成机器人腕部模型的创建，如图 5-6 所示。

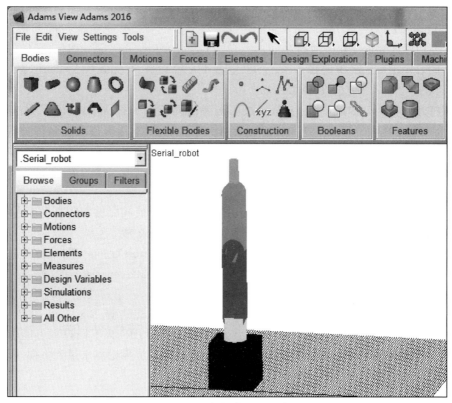

图 5-6　腕部模型的创建

3. 加载约束

1）加载基座固定锁止副

机器人基座固定在惯性坐标系下，创建基座的锁止副，使其固定在某一位置，具体加载步骤如下：

（1）在功能区 Connectors 项的 Joints 中，单击 Create a Fixed joint 图标，展开选项区；

（2）在 Construction 中选择 1 Location-Bodies impl. 和 Normal To Grid；

（3）将光标移至工作区基座模型上，可通过右击弹出列表先选择 Base 模型的中心点 Base.cm，再单击鼠标左键来完成基座的锁止副 JOINT_1 创建。

2）加载腰关节转动副

机器人腰关节起到连接基座和腰部的作用，加载旋转副使其能够在竖直轴上回转，具体加载步骤如下：

（1）在功能区 Connectors 项的 Joints 中，单击 Create a Revolute joint 图标，展开选项区；

（2）在 Construction 中选择 2 Bodies-1 Location 和 Pick Geometry Feature，在 1st 中选择 Pick Body，在 2nd 中选择 Pick Body；

（3）将光标移至工作区模型上，可通过右击弹出列表先选择 Waist 模型，再选择 Base 模型，然后选择基座中心点 Base.cm，在中心点处晃动光标出现矢量箭头，当箭头指向腰关节竖直旋转轴方向时，单击鼠标左键确定完成腰部与基座间的腰关节旋转副 JOINT 2 创建。

3）加载肩关节转动副

机器人肩关节起到连接腰部和大臂的作用，加载旋转副使其能够在竖直平面内弯曲，具体加载步骤如下：

（1）在功能区 Connectors 项的 Joints 中，单击 Create a Revolute joint 图标，展开选项区；

（2）在 Construction 中选择 2 Bodies-1 Location 和 Pick Geometry Feature，在 1st 中选择 Pick Body，在 2nd 中选择 Pick Body；

（3）将光标移至工作区模型上，可通过右击弹出列表先选择 Waist 模型，再选择 Big_arm 模型，然后选择大臂连杆下端点 Big_arm.MARKER_3（不同模型可能名称号有不同），在标记点处晃动光标出现矢量箭头，当箭头指向肩关节标记点水平轴方向时，单击鼠标左键确定完成腰部与大臂间的肩关节旋转副 JOINT 3 创建。

4）加载肘关节转动副

机器人肘关节起到连接大臂和小臂的作用，加载旋转副使其能够在竖直平面内弯曲，具体加载步骤如下：

（1）在功能区 Connectors 项的 Joints 中，单击 Create a Revolute joint 图标，展开选项区；

（2）在 Construction 中选择 2 Bodies-1 Location 和 Pick Geometry Feature，在 1st 中选择 Pick Body，在 2nd 中选择 Pick Body；

（3）将光标移至工作区模型上，可通过右击弹出列表先选择 Big_arm 模型，再选择 Small_arm 模型，然后选择大臂连杆上端点 Big_arm.MARKER_4（不同模型可能名称号有不同），在标记点处晃动光标出现矢量箭头，当箭头指向肘关节标记点水平轴方向时，单击左键确定完成小臂与大臂间的肘关节旋转副 JOINT 4 创建。

5）加载腕关节转动副

机器人腕关节是 RBR 型结构，有三个转动副组成，其中第一个关节是回转 R 关节，第二个关节是弯曲 B 关节，第三个关节是回转 R 关节，具体加载步骤如下：

（1）在功能区 Connectors 项的 Joints 中，单击 Create a Revolute joint 图标，展开选项区；

（2）在 Construction 中选择 2 Bodies-1 Location 和 Pick Geometry Feature，在 1st 中选择 Pick Body，在 2nd 中选择 Pick Body；

（3）将光标移至工作区模型上，可通过右击弹出列表先选择 Small_arm 模型，再选择 First_wrist 模型，然后选择第一子模型中心点 First_wrist.cm，在中心点处晃动光标出现矢量箭头，当箭头指向竖直回转轴方向时，单击鼠标左键确定完成小臂与腕部第一子模型间的 R 关节旋转副 JOINT 5 创建；

（4）在功能区 Connectors 项的 Joints 中，单击 Create a Revolute joint 图标，展开选项区；

（5）在 Construction 中选择 2 Bodies-1 Location 和 Pick Geometry Feature，在 1st 中选择 Pick Body，在 2nd 中选择 Pick Body；

（6）将光标移至工作区模型上，可通过右击弹出列表先选择 First_wrist 模型，再选择 Second_wrist 模型，然后选择第二子模型连杆下端点 Second_wrist.MARKER_8（不同模型可能名称号有不同），在下端点处晃动光标出现矢量箭头，当箭头指向标记点水平轴方向时，单击鼠标左键确定完成腕部第二子模型与腕部第一子模型间的 B 关节旋转副 JOINT 6 创建；

（7）在功能区 Connectors 项的 Joints 中，单击 Create a Revolute joint 图标，展开选项区；

（8）在 Construction 中选择 2 Bodies-1 Location 和 Pick Geometry Feature，在 1st 中选择 Pick Body，在 2nd 中选择 Pick Body；

（9）将光标移至工作区模型上，可通过右击弹出列表先选择 Third_wrist 模型，再选择 Second_wrist 模型，然后选择第二子模型连杆上端点 Second_wrist.MARKER_9（不同模型可能名称号有不同），在上端点处晃动光标出现矢量箭头，当箭头指向竖直回转轴方向时，单击鼠标左键确定完成腕部第三子模型与腕部第二子模型间的 R 关节旋转副 JOINT 7 创建。

综上所述，机器人的运动副共加载了 7 个，可在软件左边的 Browse 列表中查看，为了便于观察运动副图标，在 Icons Settings 对话框中，将 New Size 设置为 100，将其放大，在 View 菜单中选择 Render More 中的 Wireframe 框架模型，效果如图 5-7 所示。

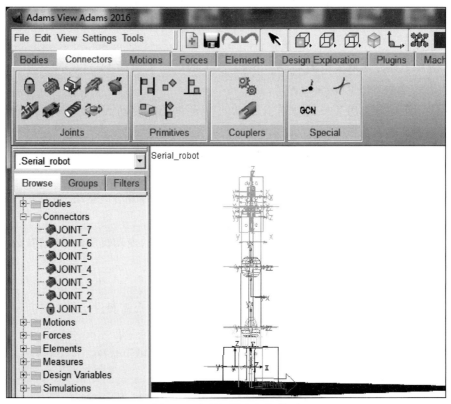

图 5-7　串联机器人框架模型

5.1.2　仿真与结果

1. 仿真设置

1）添加电动机驱动

串联关节型机器人有六个转动副,通过旋转电动机来驱动,通过设定电动机输出的转角来仿真机械臂末端运动,电动机转动角度设置从初始位置位置转动到30°停止,采用 Step 函数来表示,具体步骤下所示:

（1）在功能区 Motions 项的 Joint Motions 中,单击 Rotational Joint Motions 图标展开;

（2）默认旋转速度 Rot. Speed 的值为 30.0,在工作区选取 JOINT_2,完成腰关节转动副 JOINT_2 上的电动机驱动 MOTION_1 创建;

（3）通过右击鼠标选择 Motion:MOTION_1 选项的 Modify 可以查看和修改电动机驱动设置,在 Function(time)的文本框中,编辑转动函数;

（4）单击 Function(time)的文本框后的按钮,弹出函数编辑器 Function Builder 对话框,对话框上半部分为公式输入区,左下部分为公式选择区,拉动滑动条找到 Step,双击该函数后,STEP(x,x0,h0,x1,h1)自动加入公式输入区;

（5）Step 函数中的时间变量 x 设定为 time,转动的开始时间 $x0$ 设为 2,转动角的开始值 $h0$ 设为 0,转动的终止时间 $x1$ 设为 5,速度角的终止值 $h1$ 设为 30d;

（6）单击“OK”按钮关闭 Function Builder 对话框,这时 Function(time)的文本框中自动输入已编辑的 Step 函数,再单击“OK”按钮关闭 Joint Motions 对话框,完成腰关节电动机驱动的设定;

（7）应用上述方法肩关节转动副 JOINT_3 上的电动机驱动 MOTION_2,在函数编辑器中设置运动函数 STEP(time,2,0,5,30d);

（8）应用上述方法肘关节转动副 JOINT_4 上的电动机驱动 MOTION_3,在函数编辑器中设置运动函数 STEP(time,2,0,5,30d);

（9）应用上述方法腕关节第一转动 R 副 JOINT_5 上的电动机驱动 MOTION_4,在函数编辑器中设置运动函数 STEP(time,2,0,5,30d);

（10）应用上述方法腕关节第二转动 B 副 JOINT_6 上的电动机驱动 MOTION_5,在函数编辑器中设置运动函数 STEP(time,2,0,5,30d);

（11）应用上述方法腕关节第三转动 R 副 JOINT_7 上的电动机驱动 MOTION_6,在函数编辑器中设置运动函数 STEP(time,2,0,5,30d)。

2）仿真时间设置

设定电动机驱动后的机器人模型可以进行运动仿真,仿真需要设定结束时间和步长,具体步骤如下:

（1）在功能区 Simulation 项的 Simulate 中,单击 Run an Interactive Simulation 图标,展开 Simulation Control 对话框;

（2）在展开 Simulation Control 对话框中,设置 End Time 为 10,Step 为 100;

（3）单击“Start simulation”按钮,开始模型仿真。

3）播放仿真过程

对模型进行仿真求解后,可以通过动画播放(Animation)来观看仿真过程,如图 5-8 所示具体步骤如下:

(1)在功能区 Results 项的 Review 中,单击 Displays the Animation Control dialog 图标,弹出 Animation Control 对话框;

(2)通过分别单击播放控制图标,实现回到初始状态、快速后退、慢速后退、停止、慢速前进和快速前进播放动画,按钮下方进度条可控制实现动画上一步和下一步显示;

(3)可以观察到机器人向前移动,经过启动、加速、减速和停止过程。

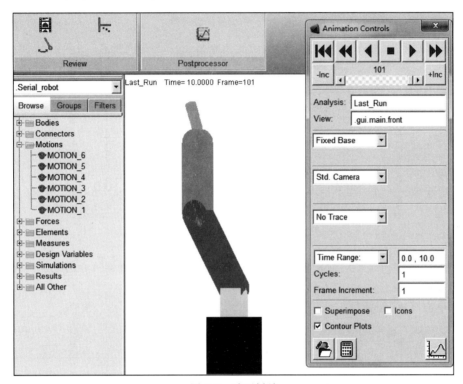

图 5-8　动画播放

2. 结果测量

1）位移测量

在关节电动机的驱动下测量机器人末端的运动位移,具体步骤如下:

(1)在工作区点选机械臂末端腕部第三子模型,右击弹出下拉菜单选择 Part：Third_wrist 中的 Measure 选项,弹出 Part Measure 对话框;

(2)在 Part Measure 对话框中的 Characteristic 文本框中选择 CM position 项,在 Component 中选择 x 轴;

(3)单击“OK”按钮弹出 x 轴位移测量曲线如图 5-9 所示;

(4)在 Part Measure 对话框中的 Characteristic 文本框中选择 CM position 项,在 Component 中选择 y 轴;

(5)单击“OK”按钮弹出 y 轴位移测量曲线如图 5-10 所示;

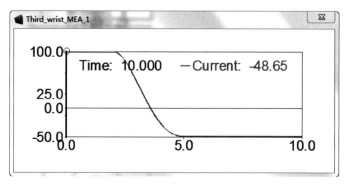

图 5-9　x 轴位移测量曲线

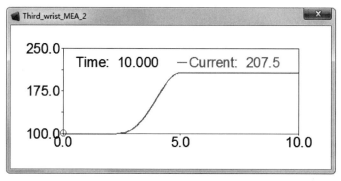

图 5-10　y 轴位移测量曲线

（6）在 Part Measure 对话框中的 Characteristic 文本框中选择 CM position 项，在 Component 中选择 z 轴；

（7）单击"OK"按钮弹出 z 轴位移测量曲线如图 5-11 所示。

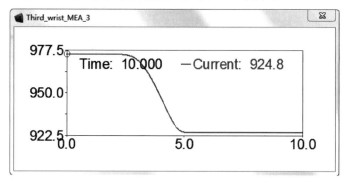

图 5-11　z 轴位移测量曲线

2）速度测量

在关节电动机的驱动下测量机器人末端的运动速度，具体步骤如下：

（1）在工作区点选机械臂末端腕部第三子模型，右击弹出下拉菜单选择 Part：Third_wrist 中的 Measure 选项，弹出 Part Measure 对话框；

（2）在 Part Measure 对话框中的 Characteristic 文本框中选择 CM velocity 项，在 Component 中选择 x 轴；

（3）单击"OK"按钮弹出 x 轴速度测量曲线如图 5-12 所示；

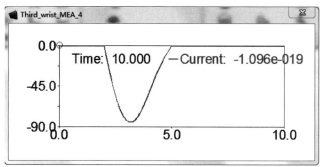

图 5-12　x 轴速度测量曲线

（4）在 Part Measure 对话框中的 Characteristic 文本框中选择 CM velocity 项，在 Component 中选择 y 轴；

（5）单击"OK"按钮弹出 y 轴速度测量曲线如图 5-13 所示；

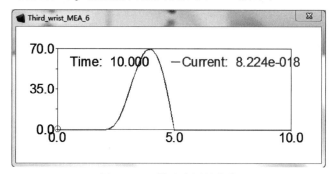

图 5-13　y 轴速度测量曲线

（6）在 Part Measure 对话框中的 Characteristic 文本框中选择 CM velocity 项，在 Component 中选择 z 轴；

（7）单击"OK"按钮弹出 z 轴速度测量曲线如图 5-14 所示。

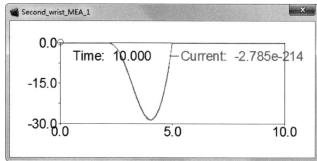

图 5-14　z 轴速度测量曲线

3）加速度测量

在关节电动机的驱动下测量机器人末端的加速度，具体步骤如下：

（1）在工作区点选机械臂末端腕部第三子模型，右击弹出下拉菜单选择 Part：Third_wrist 中的 Measure 选项，弹出 Part Measure 对话框；

（2）在 Part Measure 对话框中的 Characteristic 文本框中选择 CM acceleration 项，在 Component 中选择 x 轴；

（3）单击"OK"按钮弹出 x 轴加速度测量曲线如图 5-15 所示；

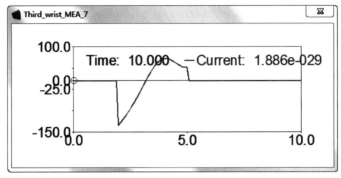

图 5-15　x 轴加速度测量曲线

（4）在 Part Measure 对话框中的 Characteristic 文本框中选择 CM acceleration 项，在 Component 中选择 y 轴；

（5）单击"OK"按钮弹出 y 轴加速度测量曲线如图 5-16 所示；

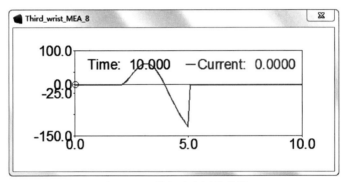

图 5-16　y 轴加速度测量曲线

（6）在 Part Measure 对话框中的 Characteristic 文本框中选择 CM acceleration 项，在 Component 中选择 z 轴；

（7）单击"OK"按钮弹出 z 轴加速度测量曲线如图 5-17 所示。

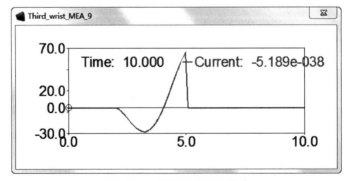

图 5-17　z 轴加速度测量曲线

5.2　并联机械臂运动仿真

并联机器人的研究与串联机器人相比起步较晚,但由于并联机器人具有刚度大、承载能力强、精度高、末端件惯性小等优点,在需要高速和大承载能力的场合,与串联机器人相比具有明显优势,在运动模拟和物品分拣中已有很多成功应用案例,如图 5-18 所示为 ABB 一款并联机器人 IRB 360,它具有运动性能佳、节拍时间短、精度高,能够在狭窄或者广阔空间内高速运行,误差极小,可以高速高效地处理同步传动带上的流水线包装产品。并联机器人有多种结构形式,如 3PRS 三自由并联机器人,由固定平台、动平台、3 个平移副、3 个转动副和3 个球副构成。以 3 个平移关节为电动机驱动的主动自由度,在 Adams 中建立几何模型,仿真进行运动和驱动力分析。

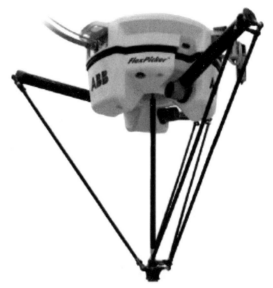

图 5-18　并联机器人 IRB 360

5.2.1　并联机器人模型

1. 环境设置

双击桌面上的 Adams View 快捷图标。或者在开始菜单中展开 Adams 文件夹,单击 Adams View 图标,环境配置具体操作步骤如下所述。

1) 启动软件

(1) 在欢迎界面中选中 New Model;

(2) 在对话框的 Model name 栏中,输入 Parallel_robot;

(3) 修改 Working Directory,可以改为 E:\robot(在 E 盘已经创建了 robot 文件夹);

(4) 单击"OK"按钮完成模型名称的创建和路径的设置。

2) 设置单位

(1) 在主菜单中,选择 Setting 下拉菜单中的 Units 菜单项,打开 Units Setting 对话框;

（2）在 Units Setting 对话框中，取默认设置，Length 为 Millimeter，Mass 为 Kilogram，Force 为 Newton，Time 为 Second，Angle 为 Degree，Frequency 为 Hertz；

（3）单击"OK"按钮完成单位的设置。

3）设置工作网格

设置工作网格的步骤如下：

（1）在主菜单中，选择 Settings 下拉菜单中的 Working Grid 菜单项，打开 Working Grid Settings 对话框；

（2）在 Working Grid Settings 对话框中，将 Size 的 X 值设置为 1 000 mm，Y 值设置为 1 000 mm，将 Spacing 的 X 和 Y 均设置为 10 mm；

（3）单击"OK 按钮"完成工作网格的设置。

4）打开光标位置显示

打开光标位置显示的步骤如下：

（1）单击工作区域；

（2）在主菜单中，选择 View 下拉菜单中的 Coordinate Window F4 菜单项，或单击工作区域后按 F4 快捷键，即可打开光标位置显示。

2. 几何建模

1）创建固定平台模型

创建并联机器人固定平台模型步骤如下：

（1）在功能区 Bodies 项的 Solids 中，单击 RigidBody：Plate 图标，展开选项区；

（2）在 Thickness 的文本框中输入厚度 5 cm，在 Radius 的文本框中输入导角半径 2 cm；

（3）光标移至工作区，单击工作区域中的（0，0，0（mm））的点，再单击工作区域中的（300，300，0（mm））的点，再单击工作区域中的（600，0，0（mm））的点，再单击工作区域中的（0，0，0（mm））的点，右击鼠标确定，自动生成三角形平板几何体，完成机器人固定平台建模；

（4）选择 Part：PART_2 下拉菜单中 Rename 菜单项，打开 Rename 对话框，将 New Name 文本框中内容更新为 Fixed_platform；

（5）在 Modify Body 对话框中，Define Mass by 选择 Geometry and Material Type 方式，在 Material Type 文本框中右击弹出菜单，在 Material 的 Guesses 中选择 steel 材料；

（6）选择基座模型，在软件界面上方的主工具栏中，右击颜色库选择黑色，完成颜色设置。

按照上述步骤完成机器人固定平台的创建，如图 5-19 所示。

2）创建动平台模型

创建并联机器人动平台模型步骤如下：

（1）在功能区 Bodies 项的 Solids 中，单击 RigidBody：Plate 图标，展开选项区；

（2）在 Thickness 的文本框中输入厚度 5 cm，在 Radius 的文本框中输入导角半径 2 cm；

（3）光标移至工作区，单击工作区域中的（0，0，0（mm））的点，再单击工作区域中的（100，100，0（mm））的点，再单击工作区域中的（200，0，0（mm））的点，再单击工作区域中的（0，0，0（mm））的点，右击鼠标确定，自动生成三角形平板几何体，完成机器人动平台建模；

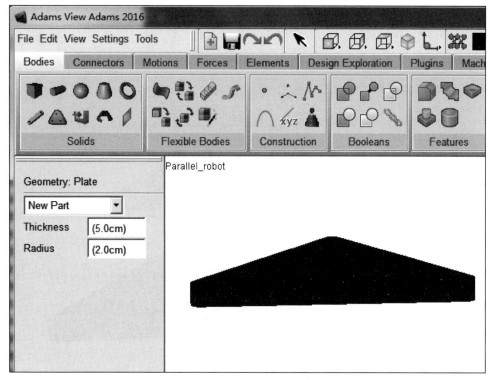

图 5-19　固定平台的创建

（4）选择新建的动平台模型，在主工具栏中选择 Position：Repositioning objects relative to the Working Grid by entering coordinates，勾选 Locotion 文本框中输入位置（200,100,300），勾选 Orientation 文本框中输入角度（0,0,0），单击"Set"按钮，完成模型位姿修正；

（5）选择 Part：PART_3 下拉菜单中 Rename 菜单项，打开 Rename 对话框，将 New Name 文本框中内容更新为 Mobile_platform；

（6）在 Modify Body 对话框中，Define Mass by 选择 Geometry and Material Type 方式，在 Material Type 文本框中右击弹出菜单，在 Material 的 Guesses 中选择 steel 材料；

（7）选择基座模型，在软件界面上方的主工具栏中，右击颜色库选择绿色，完成颜色设置。

按照上述步骤完成机器人动平台的创建，如图 5-20 所示。

3）创建连杆模型

三自由度并联机器人有三个连杆模型需要创建，具体步骤如下：

（1）在功能区 Bodies 项的 Solids 中，单击 RigidBody：Link 图标，展开选项区；

（2）不需要勾选复选框和输入尺寸，鼠标左键单击固定平台左角处的 PLATE_1. E17（center）点作为连杆的一个端点，按住鼠标左键拖动到平台角处的 PLATE_2. E17（center）点作为连杆的另一个端点，松开鼠标左键自动生成机器人的第一个连杆，将其重命名为 First_link；

（3）同理，鼠标左键单击固定平台右角处的 PLATE_1. E18（center）点作为连杆的一个端点，按住鼠标左键拖动到平台角处的 PLATE_2. E18（center）点作为连杆的另一个端点，松开鼠标左键自动生成机器人的第二个连杆，将其重命名为 Second_link；

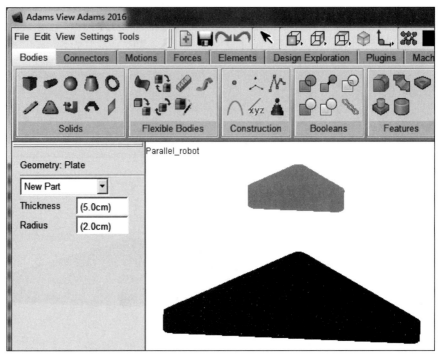

图 5-20　动平台的创建

（4）同理，鼠标左键单击固定平台右角处的 PLATE_1.E14(center)点作为连杆的一个端点，按住鼠标左键拖动到平台角处的 PLATE_2.E14(center)点作为连杆的另一个端点，松开鼠标左键自动生成机器人的第二个连杆，将其重命名为 Third_link；

（5）在 Modify Body 对话框中，Define Mass by 选择 Geometry and Material Type 方式，在 Material Type 文本框中右击弹出菜单，在 Material 的 Guesses 中选择 steel 材料；

（6）选择基座模型，在软件界面上方的主工具栏中，右击颜色库选择红色，完成颜色设置。

建立连杆选择点时不同模型可能名称不同，按照上述步骤完成机器人固定平台和动平台之间的连杆的创建，如图 5-21 所示。

4）创建滑轨模型

三自由度并联机器人在连杆与固定平台之间有三个滑动轨道模型需要创建，具体步骤如下：

（1）在功能区 Bodies 项的 Solids 中，单击 RigidBody：Link 图标，展开选项区；

（2）勾选 Length 复选框，在其下的文本框中输入 40 cm，勾选 Width 复选框，在其下的文本框中输入 4 cm，勾选 Depth 复选框，在其下的文本框中输入 2 cm；

（3）将光标移至工作区，任意位置拖动左键，会显示连杆，单击鼠标左键生成连杆，完成滑轨模型创建；

（4）在主工具栏中选择 Position：Repositioning objects relative to the Working Grid by entering coordinates，勾选 Locotion 文本框中输入位置(0,0,−400)，勾选 Orientation 文本框中输入角度(90,90,90)，单击"Set"按钮，完成滑轨模型位姿修正；

（5）将滑轨模型重命名为 First_slide；

（6）同理，按相同尺寸创建第二个滑轨，选择 Position：Repositioning objects relative to the Working Grid by entering coordinates，勾选 Locotion 文本框中输入位置(600,0,

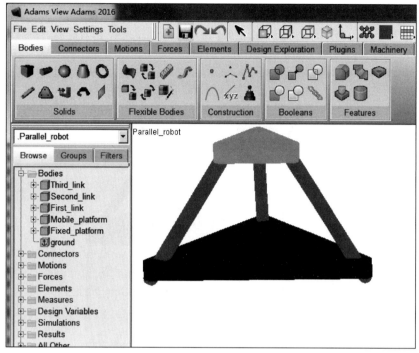

图 5-21　连杆的创建

—400),勾选 Orientation 文本框中输入角度(90,90,90),单击"Set"按钮,完成第二滑轨模型位姿修正,将滑轨模型重命名为 Second_slide;

(7) 同理,按相同尺寸创建第三个滑轨,选择 Position:Repositioning objects relative to the Working Grid by entering coordinates,勾选 Locotion 文本框中输入位置(300,300,—400),勾选 Orientation 文本框中输入角度(90,90,90),单击"Set"按钮,完成第三滑轨模型位姿修正,将滑轨模型重命名为 Third_slide;

(8) 在 Modify Body 对话框中,Define Mass by 选择 Geometry and Material Type 方式,在 Material Type 文本框中右击弹出菜单,在 Material 的 Guesses 中选择 steel 材料;

(9) 在软件界面上方的主工具栏中,右击颜色库选择蓝色,完成颜色设置。

按照上述步骤完成机器人固定平台和连杆之间的滑轨创建,如图 5-22 所示。

3. 约束加载

1) 加载固定平台锁止副

机器人固定平台固定在惯性坐标系下,创建锁止副使其固定在某一位置,具体加载步骤如下:

(1) 在功能区 Connectors 项的 Joints 中,单击 Create a Fixed joint 图标,展开选项区;

(2) 在 Construction 中选择 1 Location-Bodies impl. 和 Normal To Grid;

(3) 将光标移至工作区固定平台模型上,可通过右击弹出列表先选择 Fixed_platform 模型的中心点 Fixed_platform. cm,再单击鼠标左键来完成固定平台的锁止副 JOINT_1 创建。

2) 加载滑轨与连杆间的转动副

机器人滑轨起到连接连杆和定平台的作用,加载旋转副使连杆能够相对滑轨转动,具体加载步骤如下:

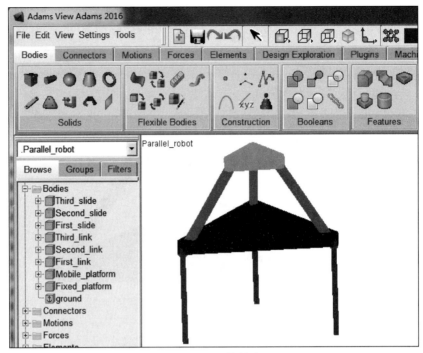

图 5-22　滑轨创建

（1）在功能区 Connectors 项的 Joints 中，单击 Create a Revolute joint 图标，展开选项区；

（2）在 Construction 中选择 2 Bodies-1 Location 和 Pick Geometry Feature，在 1st 中选择 Pick Body，在 2nd 中选择 Pick Body；

（3）将光标移至工作区模型上，可通过右击弹出列表先选择 First_slide 模型，再选择 First_link 模型，然后选择连杆的下端点 First_link.MARKER_7（不同模型可能名称号有不同），在中心点处晃动光标出现矢量箭头，当箭头指向连杆坐标系的 z 轴时，单击鼠标左键确定完成第一连杆与第一滑轨间的旋转副 JOINT 2 创建；

（4）同理完成第二连杆与第二滑轨间的旋转副 JOINT 3 创建；

（5）同理完成第三连杆与第三滑轨间的旋转副 JOINT 4 创建。

3）加载滑轨与定平台间的平移副

机器人的滑轨相对定平台滑动，加载平移副使其能够在竖直方向移动，具体加载步骤如下：

（1）在功能区 Connectors 项的 Joints 中，单击 Create a Translational joint 图标，展开选项区；

（2）在 Construction 中选择 2 Bodies-1 Location 和 Pick Geometry Feature，在 1st 中选择 Pick Body，在 2nd 中选择 Pick Body；

（3）将光标移至工作区模型上，可通过右击弹出列表先选择 Fixed_platform 模型，再选择 First_slide 模型，然后选择第一滑轨中心点 First_slide.cm，在标记点处晃动光标出现矢量箭头，当箭头指向竖直方向时，单击鼠标左键确定完成第一滑轨与定平台之间的平移副 JOINT 5 创建；

（4）同理完成第二滑轨与定平台之间的平移副 JOINT 6 创建；

（5）同理完成第二滑轨与定平台之间的平移副 JOINT 7 创建。

4）加载连杆与动平台间的球副

机器人的连杆上端与动平台可以转动，加载球副使其能够在三个方向上相对动平台转动，具体加载步骤如下：

（1）在功能区 Connectors 项的 Joints 中，单击 Create a Spherical joint 图标，展开选项区；

（2）在 Construction 中选择 2 Bodies-1 Location 和 Pick Geometry Feature，在 1st 中选择 Pick Body，在 2nd 中选择 Pick Body；

（3）将光标移至工作区模型上，可通过右击弹出列表先选择 Mobile_platform 模型，再选择 First_link 模型，然后选择第一连杆上端点 First_link. MARKER_8（不同模型可能名称号有不同），在标记点处晃动光标出现矢量箭头，当箭头指向连杆标记点 x 轴方向时，单击鼠标左键确定完成第一连杆与动平台之间的球副 JOINT 8 创建；

（4）同理完成第二连杆与动平台之间的球副 JOINT 9 创建；

（5）同理完成第三连杆与动平台之间的球副 JOINT 10 创建。

综上所述，机器人的运动副共加载了 10 个，可在软件左边的 Browse 列表中查看，为了便于观察运动副图标，在 Icons Settings 对话框中，将 New Size 设置为 100 将其放大，在 View 菜单中选择 Render More 中的 Wireframe 框架模型，效果如图 5-23 所示。

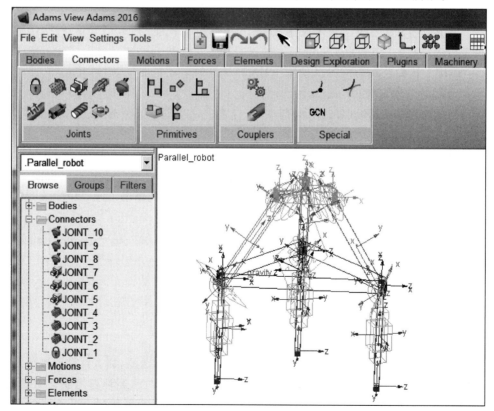

图 5-23　并联机器人框架模型

5.2.2　仿真与解算

1. 位置正解

机器人的滑轨相对定平台的运动是主动自由度,因此在仿真之前先添加电动机驱动,在三个平移副上添加直线电动机位移驱动,采用 Step 函数来表示,具体仿真设置步骤如下所示。

(1) 在功能区 Motions 项的 Joint Motions 中,单击 Translational Joint Motions 图标展开;

(2) 默认旋转速度 Trans.Speed 的值为 10.0,在工作区选取 JOINT_5,完成第一滑轨移动副 JOINT_5 上的电动机驱动 MOTION_1 创建;

(3) 通过右击选择 Motion:MOTION_1 选项的 Modify 可以查看和修改电动机驱动设置,在 Function(time)的文本框中,编辑移动函数;

(4) 单击 Function(time)的文本框后的按钮,弹出函数编辑器 Function Builder 对话框,对话框上半部分为公式输入区,左下部分为公式选择区,拉动滑动条找到 Step,双击该函数后,STEP(x,x0,h0,x1,h1)自动加入公式输入区;

(5) Step 函数中的时间变量 x 设定为 time,转动的开始时间 x0 设为 2,转动角的开始值 h0 设为 0,转动的终止时间 x1 设为 5,速度角的终止值 h1 设为 220(注意驱动方向);

(6) 单击"OK"按钮关闭 Function Builder 对话框,这时 Function(time)的文本框中自动输入了已编辑的 Step 函数,再单击"OK"按钮关闭 Joint Motions 对话框,完成第一滑轨电动机驱动的设定;

(7) 应用上述方法在第二移动副 JOINT_6 上的电动机驱动 MOTION_2,在函数编辑器中设置运动函数 STEP(time,2,0,5,210);

(8) 应用上述方法在第三移动副 JOINT_7 上的电动机驱动 MOTION_3,在函数编辑器中设置运动函数 STEP(time,2,0,5,230);

(9) 在展开 Simulation Control 对话框中,设置 End Time 为 10,Step 为 100,单击 Start simulation 按钮,开始模型仿真。

观察机器人最终姿态变化如图 5-24 所示。

在平移电动机的驱动下测量机器人动平台的运动位移,在工作区点选动平台模型,右击弹出下拉菜单选择 Part:Mobile_platform 中的 Measure 选项,弹出 Part Measure 对话框,在 Part Measure 对话框中的 Characteristic 文本框中选择 CM position 项,在 Component 中选择 x 轴,单击"OK"按钮弹出 x 轴位移测量曲线如图 5-25 所示。在 Part Measure 对话框中的 Characteristic 文本框中选择 CM position 项,在 Component 中选择 y 轴,单击"OK"按钮弹出 y 轴位移测量曲线如图 5-26 所示。在 Part Measure 对话框中的 Characteristic 文本框中选择 CM position 项,在 Component 中选择 z 轴,单击"OK"按钮弹出 z 轴位移测量曲线如图 5-27 所示。

2. 电动机力测量

设计人员在进行机器人设计分析时,要对驱动电动机进行选型,那么就需要提前知道电动机按要求运动时电动机的驱动力大小,在 Adams 仿真解算时已经计算出驱动力的大小,可通过测量显示电动机驱动力曲线,并联机器人的驱动力是三个平移副上的直线电动机驱动力,具体测量步骤如下所示。

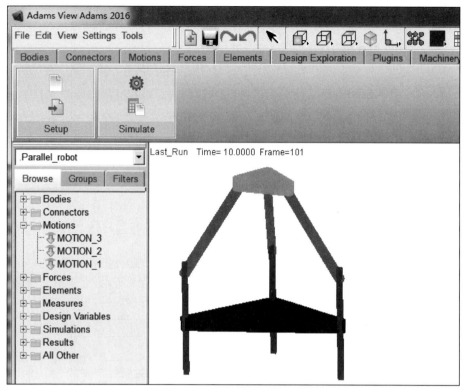

图 5-24　机器人最终姿态

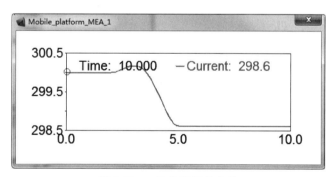

图 5-25　x 轴位移测量曲线

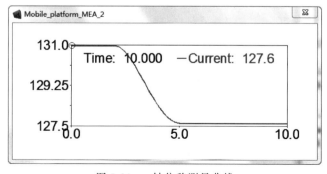

图 5-26　y 轴位移测量曲线

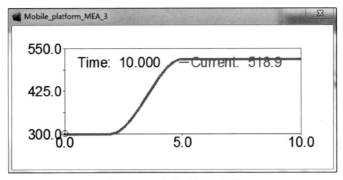

图 5-27　z 轴位移测量曲线

（1）在工作区第一滑轨电动机驱动处，右击模型弹出下拉菜单选择 Motion：MOTION_1 中的 Measure 选项，弹出 Part Measure 对话框；

（2）在 Part Measure 对话框中的 Characteristic 文本框中选择 Force 项，在 Component 中选择 x 轴，单击"OK"按钮弹出 x 轴驱动力测量曲线如图 5-28 所示，完成第三滑轨电动机驱动力测量；

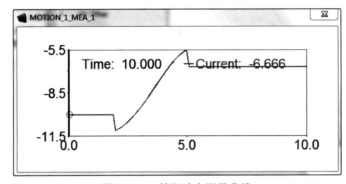

图 5-28　x 轴驱动力测量曲线

（3）在工作区第二滑轨电动机驱动处，右击模型弹出下拉菜单选择 Motion：MOTION_2 中的 Measure 选项，弹出 Part Measure 对话框；

（4）在 Part Measure 对话框中的 Characteristic 文本框中选择 Force 项，在 Component 中选择 y 轴，单击"OK"按钮弹出 y 轴驱动力测量曲线如图 5-29 所示，完成第二滑轨电动机驱动力测量；

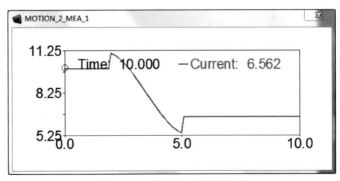

图 5-29　y 轴驱动力测量曲线

（5）在工作区第三滑轨电动机驱动处，右击模型弹出下拉菜单选择 Motion：MOTION_3 中的 Measure 选项，弹出 Part Measure 对话框；

（6）在 Part Measure 对话框中的 Characteristic 文本框中选择 Force 项，在 Component 中选择 z 轴，单击"OK"按钮弹出 z 轴驱动力测量曲线如图 5-30 所示，完成第三滑轨电动机驱动力测量。

在进行驱动位移加载和驱动力测量时得出的曲线的数值符号要根据设置的电动机驱动方向具体来进行分析。

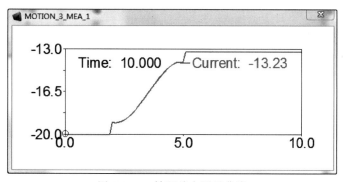

图 5-30　z 轴驱动力测量曲线

5.3　本章小结

通过串联臂式机器人和并联三自由度机器人仿真实例的介绍，可掌握臂式机器人在 Adams 中几何建模和在其他三维软件建模导入的方法，同时针对不同拓扑结构机器人的运动特点加载运动副和电动机驱动。Adams 软件可以对臂式机器人进行运动仿真，测量出的运动量通过曲线的形式展示出来，机器人的运动特性不但与机器人的结构有关，而且还与仿真过程中运动约束的设置和控制函数的具体形式有关，在进行正运动分析时要注意输入的范围，在进行直线电动机位移驱动加载和电动机力计算时要注意矢量方向，通常在正式仿真前进行多次调试才可以得到解决，机器人的质量参数和机器人的构型对运动学参量的输出和电动机驱动的计算值都有影响。

5.4　思考练习题

1. 尝试三维软件建立机器人模型导入 Adams 软件，进行机器人运动仿真。
2. 尝试对串联机器人的端部的姿态进行测量。
3. 如何实现臂式机器人的逆运动学仿真？

第6章 MATLAB 程序设计与仿真基础

前面章节介绍了机器人的基础知识和 Adams 软件的建模与仿真方法,本章将对 MAT-LAB 软件进行介绍,包括数值计算与绘图、程序设计、Simulink 仿真方法和典型系统的建模与仿真。通过本章的学习,可以为后面应用 MATLAB 软件进行移动机器人和臂式机器人的控制仿真打下基础。MATLAB 软件擅长数值计算,编程效率高,计算功能强,使用方便且易于扩展,含有很多模块和专用工具包,被广泛应用于各个行业。只要建立出系统的数学方程和搭建好 Simulink 仿真环境,机器人控制学方面的问题都可以通过 MATLAB 仿真来研究和分析。

6.1 MATLAB 程序设计

MATLAB 软件的功能很强大,可以胜任几乎所有的工程分析问题,而且计算精度较高,具有强大的工具箱和矩阵处理能力,被广大学术界的研究人员所认可,MATLAB 是一款高效的科学计算软件。双击 MATLAB R2016a 启动软件,会出现如图 6-1 所示的窗口界面。

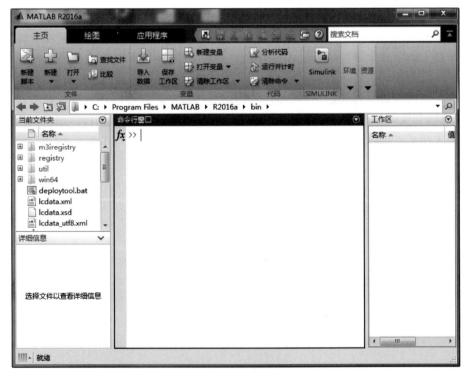

图 6-1　窗口界面

MATLAB 的主要分区窗口有：

(1) 命令行窗口；

(2) 命令历史窗口；

(3) 当前路径窗口；

(4) 工作区窗口；

(5) 文件信息显示窗口；

(6) 程序编译器。

在命令窗口内输入 help 命令可以快捷地查找帮助，如查看 MATLAB 信息，输入 help matlab，按 Enter 键。

在命令窗口输入 a＝1;b＝2;就可创建 a 和 b 两个变量，分别赋值 1 和 2。

在命令窗口内输入 who 命令可以查看工作空间变量名。

在命令窗口内输入 whos 命令可以查看工作空间变量的详细信息。

在命令窗口内输入 clear 命令可以删除内存中的变量。

可以每输入一个命令按 Enter 键来分别执行，也可以把命令全部输入，分号做间隔，最后按 Enter 键执行。上述命令依次输入按 Enter 键分别执行，MATLAB 命令窗口显示信息如图 6-2 所示，可以看出每次执行后在命令前端会出现＞＞符号，结果自动显示在输入命令的下面区域。

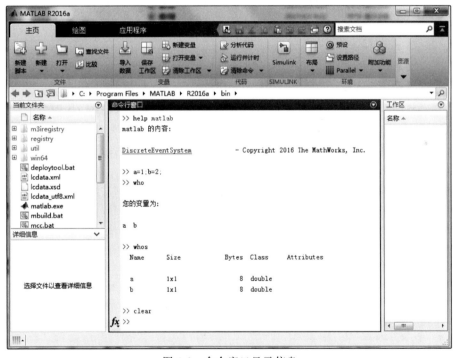

图 6-2　命令窗口显示信息

6.1.1　数值计算与绘图

1. 基本计算

1) 简单算术运算

利用 MATLAB 进行运算操作非常简单，如将两个数组对应元素相加，需要先定义两个

维度相等的数组,注意如果维度不相等,执行加法命令时会报错,具体的数组定义和运行结果如下所示:

```
>>a = [1 2 3 4;5 6 7 8];
>>b = [8 7 6 5;4 3 2 1];
>>a + b;
>>a + b
ans =
      9      9      9      9
      9      9      9      9
```

执行上述运算时,先用中括号定义 a 和 b 两个二维数组,其中不同元素间用空格分开,不同行间用分号隔开,另外执行加法命令 a+b 时结果运行完成后没有自动显示结构,当在后面去掉分号时运行完毕自动显示相加的结果。

减法运算与加法运算语法基本一致,运算过程如下:

```
>>a = [1 2 3 4;5 6 7 8];
>>b = [8 7 6 5;4 3 2 1];
>>a - b;
>>a - b
ans =
     -7     -5     -3     -1
      1      3      5      7
```

MATLAB 中数组的乘法运算包括对应元素相乘和矩阵相乘两种,其中对应元素相乘需要满足两个数组维数相同,而矩阵相乘要求数组满足矩阵相乘规则,即被乘数组的列数要等于乘数数值的行数。其中在运算符号上也有区别,对应元素相乘要在乘号前面加圆点,具体过程如下:

```
>>a = [1 2 3 4;5 6 7 8];
>>b = [8 7 6 5;4 3 2 1];
>>a. * b
ans =
      8     14     18     20
     20     18     14      8
>>c = b'%b 的转置
c =
      8      4
      7      3
      6      2
      5      1
>>a * c
ans =
     60     20
    164     60
```

在 MATLAB 命令输入时可以用百分号％来引入后面的注释部分。其中除法运算的对应元素相除与乘法一致,但要满足被除数不为 0 规则,注意左除与右除符号不同,具体示例如下:

```
>>a=[1 2 3 4;5 6 7 8];
>>b=[8 7 6 5;4 3 2 1];
>>a./b
ans =
    0.1250    0.2857    0.5000    0.8000
    1.2500    2.0000    3.5000    8.0000
>>a.\b
ans =
    8.0000    3.5000    2.0000    1.2500
    0.8000    0.5000    0.2857    0.1250
```

求解线性方程可以通过左乘矩阵逆求取,也可通过左除直接求取。

2) 使用函数计算

除了算数运算外,MATLAB 更擅长的矩阵运算,比如比较常用的有矩阵的特征值和特征向量求取,设 A 为要处理的矩阵,D 为特征值,V 为特征向量,可以使用 eig() 函数求取,具体示例如下:

```
>>A=[1 2 3;2 3 4;3 4 5]
A =
    1    2    3
    2    3    4
    3    4    5
>>[V,D] = eig(A)
V =
    0.8277    0.4082    0.3851
    0.1424   -0.8165    0.5595
   -0.5428    0.4082    0.7339
D =
   -0.6235         0         0
         0   -0.0000         0
         0         0    9.6235
```

还可以使用函数对矩阵进行分解,下面通过 magic() 函数产生魔方矩阵,它的每行、每列以及对角线的数之和相等,使用 lu() 函数对矩阵进行 LU 分解,使用 qr() 函数对矩阵进行 QR 分解,具体示例如下:

```
>> A = magic(3)
A =
    8    1    6
    3    5    7
    4    9    2
```

```
>>[L,U,B] = lu(A)
L =
    1.0000         0           0
    0.5000    1.0000           0
    0.3750    0.5441      1.0000
U =
    8.0000    1.0000      6.0000
         0    8.5000     -1.0000
         0         0      5.2941
B =
    1    0    0
    0    0    1
    0    1    0
>>[Q,R,E] = qr(A)
Q =
   -0.0967    -0.7251    -0.6818
   -0.4834    -0.5646     0.6690
   -0.8701     0.3943    -0.2959
R =
  -10.3441    -5.7037    -5.7037
         0    -7.5145    -5.9176
         0         0     -4.6314
E =
    0    0    1
    1    0    0
    0    1    0
```

对于 LU 分解要求矩阵非奇异,**L** 为下三角矩阵,**U** 为上三角矩阵,**B** 为置换矩阵,使得等式 **BA**=**LU** 成立。对于矩阵进行 QR 正交分解中 **Q** 为正交矩阵,**R** 为上三角矩阵,**E** 为置换矩阵,使得等式 **AE**=**QR** 成立。

可以使用函数命令来对多项式进行处理,多项式具有如下形式:

$$P(x)=a_0x^n+a_1x^{n-1}+a_2x^{n-2}+\cdots+a_{n-1}x+a_n$$

其特征多项式为

$$p(x)=(x-x_0)(x-x_1)\cdots(x-x_n)$$

式中,系数矩阵 **A**=$[a_0\ a_1\cdots a_n]$,特征根 **X**=$[x_0\ x_1\cdots x_n]$。

通过特征根来生成多项式使用 poly() 函数,使用 roots 函数来求多项式特征根,具体示例如下:

```
>>X = [1 2 3];
>>A = poly(X)
A =
    1    -6    11    -6
>>X = roots(A)
```

```
X =
    3.0000
    2.0000
    1.0000
>> polyvalm(A,1)
ans =
      0
```

还可以使用 polyvalm() 函数进行多项式求值,使用 conv() 函数进行多项式乘法运算,使用 deconv() 函数进行多项式除法运算。

大多数实际工程问题常常简化为微分方程,可用符号变量来表示,通过符号变量求解得到一般表达式,带入初始条件求解。求微分最常用的是 diff() 函数,定义符号变量并进行微分的具体示例如下所示:

```
>> syms x          % 定义符号变量
>> f = sin(2 * x)  % 定义符号函数
f =
sin(2 * x)
>> diff(f,x)       % 求函数微分
ans =
2 * cos(2 * x)
```

求积分最常用的是 int() 函数,定义符号变量并进行积分的具体示例如下所示:

```
>> syms x          % 定义符号变量
>> y = x^5         % y 的 5 次幂
y =
x^5
>> int(y,x)        % 求不定积分
ans =
x^6/6
```

利用梯形法求数值积分可用 trapz() 函数,具体示例如下所示:

```
>> x1 = 0:0.1:1                % 定义自变量区间离散值
x1 =
  1 至 6 列
        0    0.1000    0.2000    0.3000    0.4000    0.5000
  7 至 11 列
    0.6000    0.7000    0.8000    0.9000    1.0000
>> y1 = x1.^3 + 3 * x1.^2 + 5    % 计算函数离散值
y1 =
  1 至 6 列
    5.0000    5.0310    5.1280    5.2970    5.5440    5.8750
```

```
 7 至 11 列
    6.2960    6.8130    7.4320    8.1590    9.0000
>> z1 = trapz(x1,y1) % 梯形法数值积分
z1 =
    6.2575
```

MATLAB 中可以使用 dsolve 和龙格-库塔 ode45 求解方程组,微分方程组如下所示:

$$\begin{cases} \dfrac{\mathrm{d}x}{\mathrm{d}t} = 2x - 3y + 3z \\[2mm] \dfrac{\mathrm{d}y}{\mathrm{d}t} = 4x - 5y + 2z \\[2mm] \dfrac{\mathrm{d}z}{\mathrm{d}t} = 4x - 4y + z \end{cases}$$

其求解过程如下:

```
>> [x y z] = dsolve('Dx = 2 * x - 3 * y + 3 * z','Dy = 4 * x - 5 * y + 2 * z','Dz = 4 * x - 4 * y + z')
x =
(5 * C4 * exp(2 * t))/4 + C5 * exp( - t)
y =
C4 * exp(2 * t) + C5 * exp( - t) + C6 * exp( - 3 * t)
z =
C4 * exp(2 * t) + C6 * exp( - 3 * t)
```

2. 图形绘制

MATLAB 具有丰富的可视化功能,这使得数学计算结果可以方便地实现可视化,而且得到的图形可方便地插入 Word 等排版系统中。

一个完整的二维图形一般包括显示图形、坐标轴名称、图形标题、曲线标注和线型等要素,MATLAB 中可用 Plot() 函数绘制曲线,具体命令格式如下:

```
Plot(x₁,y₁,'s',x₂,y₂,'d',x₃,y₃,'p'...)
```

式中,x_i 和 y_i 是坐标轴数据,符号 $'s_i'$ 用来确定线型、颜色和坐标点形状等属性,单引号内的字符串符号具有特定含义,具体如表 6-1 所示。

表 6-1　字符串符号含义

线型符号	含义	色彩符号	含义	坐标点形状符号	含义
—	实线	b	蓝色	.	点
——	虚线	c	青色	o	圆
:	点线	g	绿色	*	星号
—.	点划线	k	黑色	+	加号
x	叉号	m	深红色	s	方块
		r	红色	d	菱形
		y	黄色	p	五角星
		w	白色	h	六角星

一个二元实数标量可以用来绘制平面上的一个点,而对应的两个一维数组可以绘制出一组离散点,具体示例如下所示:

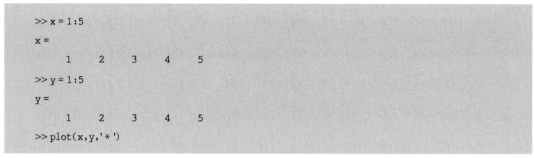

```
>> x = 1:5
x =
     1     2     3     4     5
>> y = 1:5
y =
     1     2     3     4     5
>> plot(x,y,'*')
```

运行程序得到散点图如图 6-3 所示。

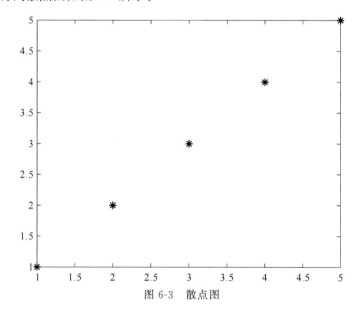

图 6-3　散点图

如果要绘制连续函数曲线,只需要将很坐标数据点之间的间隔足够小,纵轴坐标的数据通过所绘制的函数计算得到即可,具体示例如下:

```
>> x = 1:0.1:5;
>> y = sin(x);
>> plot(x,y,'s')
```

执行上述程序,得到三角函数曲线如图 6-4 所示。

如果要在同一个图中绘制两条连续函数曲线,需要输入两组坐标数据,具体示例如下:

```
>> x = 1:0.1:5;
>> y1 = sin(x);
>> y2 = cos(x);
>> plot(x,y1,'s',x,y2,'o')
```

执行上述程序,得到两条曲线如图 6-5 所示。

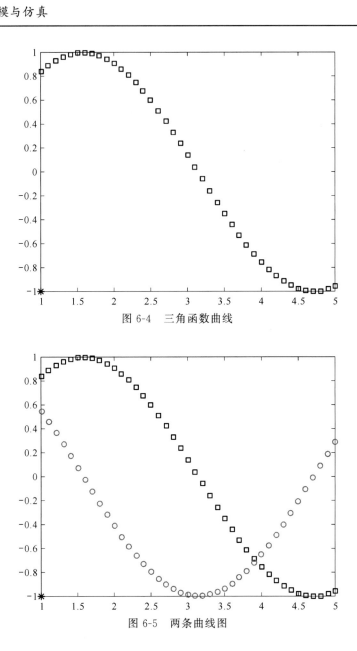

图 6-4　三角函数曲线

图 6-5　两条曲线图

如果要在同一个图中使用分图的形式绘制两条连续函数曲线,需要使用 subplot(m,n,p) 命令指明被分割成 m 行 n 列和本图是第 p 个子图,具体示例如下:

```
>> x = 1:0.1:5;
>> y1 = sin(x);
>> y2 = cos(x);
>> subplot(2,1,1)
>> plot(x,y1)
>> subplot(2,1,2)
>> plot(x,y2)
```

执行上述程序,得到如图 6-6 所示的曲线分图。

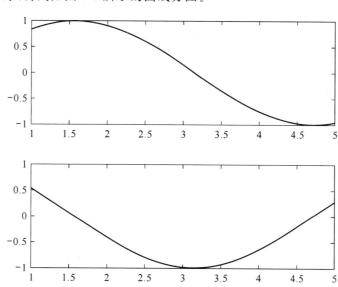

图 6-6　曲线分图

MATLAB 绘制的曲线图可以加入图形标识,图形标识的命令如表 6-2 所示。

表 6-2　图形标识的命令

图形标识命令	含义	图形标识命令	含义
title	给出全图标注的标题	legend	在图形中添加注解
xlabel	对 x 轴标注名称	grid	打开或关闭栅格
ylabel	对 y 轴标注名称	axis	坐标轴调整
text	指定位置放入文本	hold	图形保持
gtext	单击鼠标指定位置放入文本	zoom	图形缩放

如在曲线图中加入坐标轴名称和图题,具体示例如下:

```
>> x = 0:0.2:2 * pi;
   y1 = 2 * sin(x);
plot(x,y1,'b- * ')
   xlabel('弧度 x','fontsize',12)        % 标注 x 轴名称并设置名称字体的大小为 12 号字体
   ylabel('幅值 y','fontsize',12)        % 标注 y 轴名称并设置名称字体的大小为 12 号字体
   title('正弦函数 y1 = 2sinx 图形输出')   % 定义全图名称
```

执行上述程序,得到如图 6-7 所示带图形标识的曲线。

除了绘制二维图,MATLAB 还可以绘制三维图,绘制三维图的命令如表 6-3 所示。

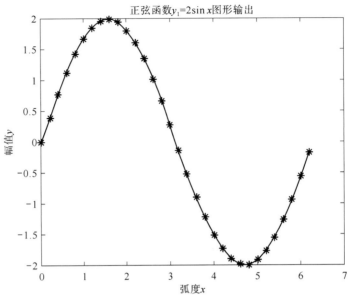

图 6-7　带图形标识的曲线

表 6-3　绘制三维图命令表

函数命令	功能	函数命令	功能
Plot3	绘制三维曲线	Bar3	绘制三维直方图
mesh	绘制三维网线	Pie3	绘制三维饼图
surf	绘制三维曲面	Stem3	绘制三维离散针状图
Colormap(RGB)	绘制三维图形装饰	pie	绘制饼图
view	图形视觉角度	Contour3	绘制三维等高线图
cylinder	绘制柱面图	meshc	绘制三维含等高线网线图

绘制三维曲线图的具体示例如下所示：

```
>> t = 0:0.05:2 * pi;
>> plot3(sin(3 * t),cos(3 * t),t)
>> grid on
>> title('三维曲线绘制示例')
```

执行上述程序,得到如图 6-8 所示三维曲线图。

绘制三维曲面图的具体示例如下所示：

```
>> x = 1:0.1:5;
>> y = 1:0.1:5;
>> [x,y] = meshgrid(x,y);  % 生成投影平面二维空间网格点
>> z = sin(x). * cos(y);
>> surf(x,y,z)
```

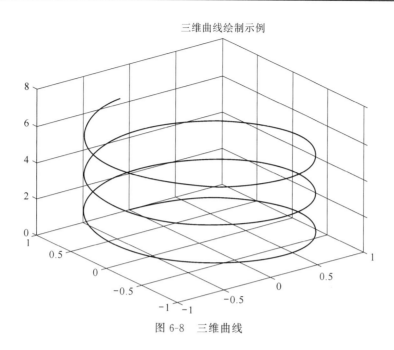

图 6-8　三维曲线

执行上述程序,得到如图 6-9 所示三维曲面图。

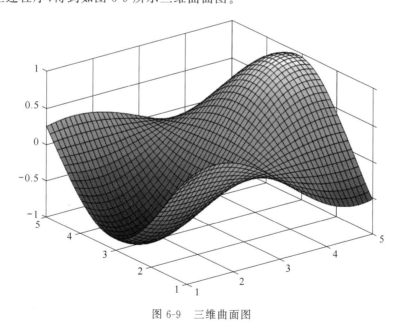

图 6-9　三维曲面图

6.1.2　脚本文件与程序设计

相比于其他高级语言,MATLAB 程序设计比较简单,程序语言简单,能够很容易地编写常见的数学表达式,直观且移植性高,因此 MATLAB 程序设计被广泛应用。

1. 脚本文件

MATLAB 程序文件分为函数文件和主函数文件，主函数文件通常可单独写成简单的 M 文件，M 文件通常是使用脚本文件，即供用户编写程序代码的文件，用户可以进行相关代码调试，进而得到优化的可执行代码。MATLAB 命令可以在软件命令窗口单独运行，也可以全部放到 M 文件中整体运行，M 文件的程序编辑窗口如图 6-10 所示。

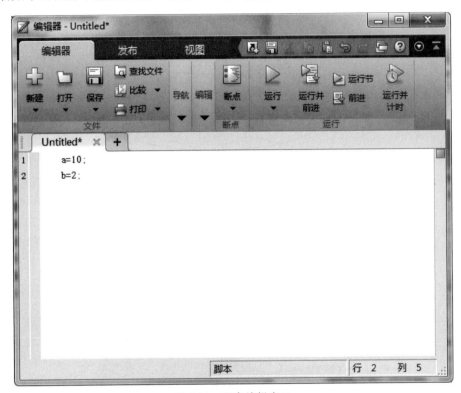

图 6-10　程序编辑窗口

脚本文件是命令集也是主函数文件，用户可以将脚本文件写为主函数文件，进行主要程序的编写，若需要调用函数求解某个问题，则需要调用该函数文件名，输入该函数文件相应的参数值就可以得到相应的结果。编写好脚本文件后要单击编辑调试器中的保存图标，单击保存键就可以完成文件的保存，在使用时首先将保存的文件所在目录设置成为当前目录，或者让目录处在 MATLAB 的搜索路径上，然后在命令窗口输入文件名，就会执行文件中命令程序，得到运行结果。在编写和使用 M 文件时应注意以下几点：

（1）在 M-file 窗口中编写脚本文件，并且每行必须以分号";"结束；

（2）将已编写完成的 M 文件保存在某一文件夹中，并且使 MATLAB 的搜索路径指向该 M 文件所在的文件夹；

（3）给 M 文件命名，文件不能使用汉语命名，必须使用字母或下划线开始的文件名；

（4）文件名需要能够反映出该 M 文件的功能和作用，并且容易记忆；

（5）运行 M 文件时，只需在命令窗口中输入 M 文件的文件名即可。

M 文件除了用来编写程序之外，还可自定义函数，其功能与 MATLAB 内置函数一样。函数文件是可供用户调用的程序，能够避免变量之间的冲突，函数文件一方面可以节约代码行数,另一方面也可以使整体程序显得清晰明了。函数文件与脚本文件有区别,函数文件通过输入变量得到相应的输出变量,其目的也是实现一个单独功能的代码块,返回变量后显示在命令窗口或供主函数继续使用。M 函数形式的 M 文件有固定的书写格式,主要包括函数名定义格式行、注释行和主程序体部分,紧接格式行的各注释行可以响应 help 命令在MATLAB 命令窗口上打印,加空行后的注释行不响应 help 命令,注释行加在 M 函数描述行的任意位置均可。函数名定义具体如下所示:

```
function [A,B,…] = myfuction(a,b,…)
```

文件的第一行就为函数名定义,其等号左边 function 不可更改,后面的 myfunction 可以更改为自定义函数名,左边中括号内是自定义的返回输出变量,右边圆括号是自定义的输入变量,M 文件函数定义的具体示例程序如下所示:

```
function A = area(r)
% r 指定半径的数值
% A 指圆面积
A = pi * r2;
```

将上述 M 文件保存命名为 area,为了方便记忆,文件名与函数名相同,在软件的命令窗口调用这个函数,并使用 help 命令,会在函数名下面给出注释信息,具体如下所示:

```
>> A = area(5)
A =
   78.5398
>> help area
  r 指定半径的数值
  A 指圆面积
   名为 area 的其他函数
```

在进行 M 函数调用时要注意以下几点:

(1) M 函数名要与 M 函数存储的文件名相同;

(2) 当一个 M 函数内含有多个函数时,函数内第一个 function 为主函数,其他函数是主函数局部调用函数,文件名以主函数名命名;

(3) 注释语句前需以％开始,若需要多行注释语句,每行都以％开始;

(4) M 函数内除了注释说明语句行,最上面的第一行语句必须以 function 开始;

(5) 程序语句包括调用函数、程序控制语句和赋值语句等;

(6) M 函数调用时,调用函数的输入和输出变量可以与定义函数的输入和输出变量不同;

(7) 注意全局变量和局部变量的区分,注意私有函数的调用范围。

2. 程序设计

与一般的 C 和 C++等语言相似,MATLAB 程序具有很多函数程序编写的句柄,用户可以采用这些判别语句进行程序编写,具体的程序结构包括顺序结构、分支结构和循环结构等。其中顺序结构很简单,用户在编写好程序之后,系统将按照程序的物理位置顺次执行各条语句,语句在程序文件中的位置反映了程序的执行顺序。

程序分支语句包含 if 结构和 switch 结构,if 与 else 或 else if 连用偏向于是非选择,当某个逻辑条件满足时执行 if 后面的语句,否则执行 else 语句,具体程序示例如下:

```
>> a = 1;
>> if a == 1
      b = 0
 else
      b = 1
 end
b =
      0
```

开关表达式一般 switch 与 case 和 otherwise 连用,偏向于各种情况的列举,当表达式结果为某个或某些值时,依次与 case 后面的表达式进行比较,如果第一个表达式不满足,则与下一个 case 后表达式比较,如果都不满足则执行 otherwise 后面的语句段,一旦开关表达式与某个 case 后表达式相等,则执行其后面的语句段。具体程序示例如下:

```
>> a = 2;
>> switch a
      case 1
      b = 0
      otherwise
      b = 1
 end
b =
      1
```

MATLAB 中提供了两类循环语句,分别是 for 循环和 while 循环,循环控制语句的使用能够处理大规模的数据,能够循环进行数据处理,特别是矩阵的运算,一个矩阵包括 M 行 N 列,通常需要对 M 行 N 列均进行处理,因此循环语句显得尤为重要。for 循环指定了循环的次数,如 M 行数据处理,则循环 M 次。通过对三角函数进行定积分的运算来展示 for 循环语句的用法,具体示例如下:

```
>> a = 0;b = pi;n = 10; h = (b - a)/n;
x = a:h:b;
f = sin(x);
      for i = 1:n
            s(i) = (f(i) + f(i + 1)) * h/2;
      end
      s = sum(s)
s =
    1.9835
```

另一个 while 循环则判别等式是否成立,若成立继续在循环体中运行,若不成立则跳出循环体,如果设置参数不合理,则可能导致死循环,因此在使用 while 时,应该注意判别语句的使用。具体程序示例如下:

```
>> sum = 0;i = 1;
    while i< = 100
            sum = sum + i;
            i = i + 1;
    end
>> sum
  sum =
        5050
```

与 for 和 while 搭配的结束循环的语句有 end、break、continue 等,end 表示循环结束,break 表示内嵌判别语句下的结束循环,continue 语句使得当前次循环不向下执行,直接进入下一次循环。

用 MATLAB 软件进行程序设计,虽然语法简单,结构清晰,但是当代码很多,函数较多的大型程序,要遵循程序设计规范,编写出来的程序才能逻辑清楚、易读懂和易调试,要养成良好的编程习惯,在此将程序设计的基本原则简述如下。

(1) 编写 MATLAB 程序时,用%表示命令行注释,采用 clear 和 close 命令清除工作空间变量,在使用变量前先定义和设置初始值,多使用流程控制语句,通过绘图命令显示运算结果。

(2) 一般情况下,主程序开头习惯使用 clear 命令清除工作空间变量,然而子程序开头不要使用 clear。

(3) 程序命名尽量清晰,能够反映函数功能,便于后期维护,初始值尽量放在程序的前面,便于更改和查看。

(4) 如果初始值较长或者较常用,可以通过编写子程序将所有的初始值进行存储,通过调用方式使用。

(5) 对于较大的程序设计,尽量将程序分解成每个具有独立功能的子程序,然后采用主程序调用子程序的方法进行编程。

在编写好程序文件后,为了确保正确执行,需要对程序进行调试,排除错误,通常会用到以下几种程序调试技术:

(1) 在可能发生错误的 M 文件中,删去某些语句行末的分号,使显示其运行中间结果,从中可发现一些问题;

(2) 在 M 文件的适当位置上加上 keyboard 命令,使在执行时在此暂停,从而检查局部工作空间中变量的内容,从中找到出错的线索,利用 return 命令可恢复程序的执行;

(3) 去掉注释 M 函数文件的函数定义行,使函数文件转变成命令文件,这样在程序运行出错时,可查看 M 文件产生的中间变量,注意局部变量之间应避免冲突;

(4) 使用 MATLAB 提供的 Debugger,Debugger 为我们提供了设置或清除断点,单步执行和继续执行等功能。

6.2 Simulink 仿真基础

MATLAB/Simulink 可用于动态系统的多领域仿真,是基于模型的仿真工具。Simulink 是 MATLAB 中的一种可视化仿真工具,它基于 MATLAB 框架设计环境,是实现动态系统建模、仿真和分析的一个软件包,被广泛应用于线性系统、非线性系统、机器人系统以及图像系统的建模和仿真中。为了创建动态系统模型,Simulink 提供了一个建立模型方框图的图形用户接口,创建过程只需单击和拖动鼠标操作就能完成,它提供了一个快捷且直接明了的方式,使得用户快速地看到系统的仿真结果。

6.2.1 仿真环境介绍

MATLAB 启动 Simulink 的方式,可以在 MATLAB 命令窗口中输入 simulink 命令,或单击 MATLAB 主窗口的快捷按钮,会弹出启动选择对话框,选择 Simulink 下的 Blank Model 会建立空白模型文件,选择 Library Browser 的快捷按钮,能直接打开 Simulink Library Browser 窗口,在这个窗口中列出了按功能分类的各种模块的名称,如图 6-11 所示。

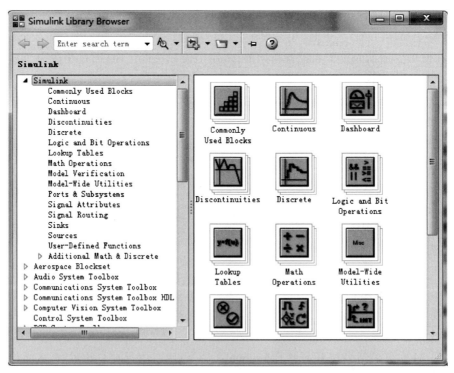

图 6-11　按功能分类的各种模块的名称

1. 模块库介绍

Simulink 模块库包括很多工具箱,使得用户能够针对不同行业的数学模型能够进行快速设计,在打开 Simulink Library Browser 窗口中,左侧的模块库和工具箱(Block and

Toolboxes)栏中列出了各领域开发的仿真环节库,下面对第一个最基本的 Simulink 公共模块库进行简单介绍。

(1) 常用模块库

常用模块库如图 6-12 所示,包括用户常用的模块集,该常用模块为一般 Simulink 模型的基本构建模块,例如输入、输出、示波器、常数输出、加减运算、乘除运算等。

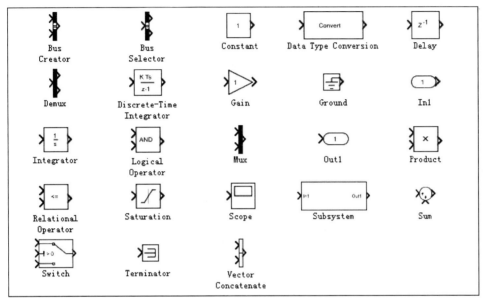

图 6-12　常用模块库

(2) 连续函数模块库

连续函数模块库如图 6-13 所示,可用于控制系统的拉普拉斯变换形式,主要为积分环节、传递函数、抗饱和积分、延迟环节等。

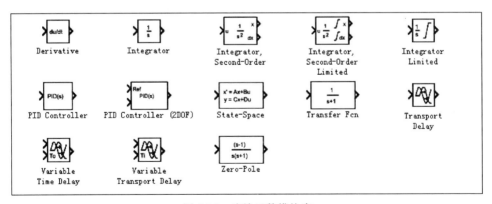

图 6-13　连续函数模块库

(3) 非连续函数模块库

非连续函数模块如图 6-14 所示,主要为死区、信号的一阶导数 Rate Limiter 模块、阶梯状输出模块 Quantizer 模块、约定信号的输出上下界 Saturation 以及 Relay 环节等。

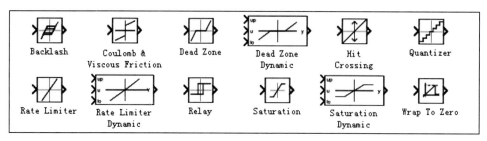

图 6-14　非连续函数模块库

（4）数学模块库

数学模块库如图 6-15 所示，主要为绝对值计算（Abs）、加减运算（Add）、放大缩小倍数运算（Gain）、乘除运算（Product）等，用户根据系统的数学模型使用对应的模块来配合使用，进行数学表达式计算，该数学模块库基本涵盖了所有的基本运算功能。

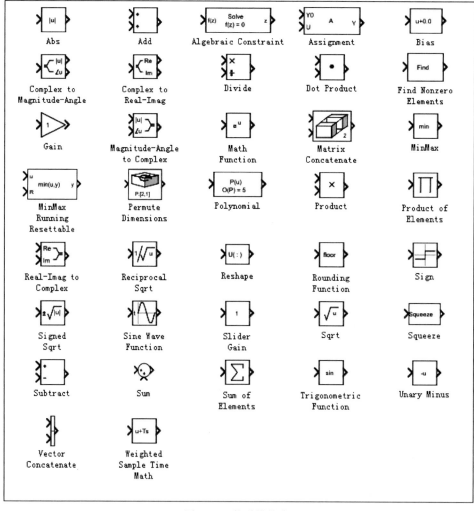

图 6-15　数学模块库

（5）信号源模块库

信号源模块库如图 6-16 所示，可以是各种信号模块生成常用输入信号，包含有时钟输入（Clock）、常数输入（Constant）、脉冲输入（Pulse Generator）、斜坡输入（Ramp）、正弦波输入（Sine Wave）和阶跃输入（Step）等模块。

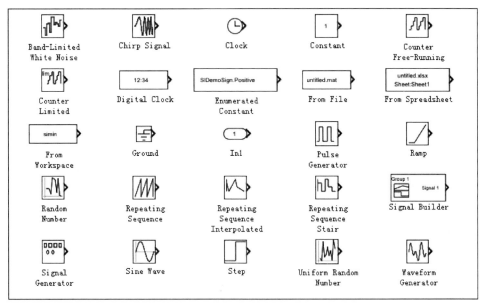

图 6-16　信号源模块库

（6）数据输出显示库

数据输出显示库如图 6-17 所示，包含有输出端 Out1、示波器 Scope、数据显示 Display等模块，方便用户搭建模型后，进行仿真观察模型输出参数值的变化图。

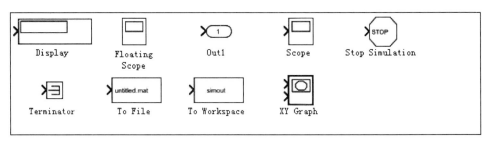

图 6-17　数据输出显示库

（7）用户自定义模块库

用户自定义模块库如图 6-18 所示，该模块主要用于供用户自己编写相应的程序，进行快速的建模仿真。

相应的还有信号路由库、模型验证库和子系统模块库等。除了公共模块库外，同时还有控制系统工具箱、通信模块工具箱、数字信号处理模块工具箱、非线性控制模块工具箱、神经网络模块工具箱和模糊逻辑工具箱等专业模块，用户可以根据实际问题背景以及模型需要，选择不同的模块进行仿真设计。

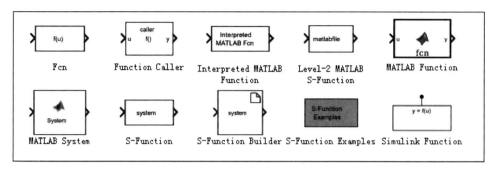

图 6-18　用户自定义模块库

2. 仿真基本操作

一个动态系统的创建过程,就是一个方框图的绘制过程,Simulink 模型在视觉上表现为方框图,在文件上则是扩展名为 .mdl 的 ASCII 代码,当在框图视窗中进行仿真的同时,MATLAB 实际上是运行保存于 Simulink 内存中 S 函数的映像文件,而不是解释运行该 mdl 文件,S 函数并不是标准 M 文件,它是 M 文件的一种特殊形式。基本仿真过程主要有以下几个步骤:

(1) 启动 Simulink,打开 Simulink 模块库;

(2) 打开空白模型窗口;

(3) 建立 Smulink 仿真模型;

(4) 设置仿真参数,进行仿真;

(5) 输出仿真结果。

软件内部执行,在初始化阶段,Simulink 模型将库模块集合到模型,分析传播宽度、数据类型和采样时间,评估模块参数,确定模块执行顺序,分配内存。然后在仿真阶段,Simulink 进入一个仿真循环,每一次循环执行一个对应的仿真步,每个仿真步 Simulink 按初始化阶段确定的顺序执行各个模块,Simulink 计算模块在当前采样时间的状态、微分和输出,持续到仿真结束。仿真步骤中打开模型库和建立空白模型文档前面已经介绍过了,下面结合一个求取微分方程系统的零状态阶跃信号响应的仿真过程来具体介绍,微分方程如下所示:

$$y''=u-2y'-y$$

首先建立 Simulink 空白模型文档,命名为 example1 并保存,在 Simulink 的 Source 模块库中拖出 Step 模块,在 Simulink 的 Continuous 模块库中拖出两个 Integrator 模块,在 Simulink 的 Math Operations 模块库中拖出 Sum 模块和两个 Gain 模块,在 Simulink 的 Sinks 模块库中拖出 Scope 模块,如图 6-19 所示。

然后进行模块参数设置,双击 Step 模块会弹出参数设置对话框,Step time 设置为 0,Final Value 设置为 1。双击 Sum 模块将 2 路输入设置成 3 路输入,in List of signs 中设置为|＋＋＋,其中一个＋号代表一路输入。双击 Gain 模块在 Gain 中参数设置为-2,并在该模块上右击,弹出菜单项,选择 Rotate&Flip 中的 Clockwise 项,操作两次使模块旋转 180°,便于进行信号线连接。用同样方法将另一个 Gain 模块中参数设置为-1 并旋转 180°。

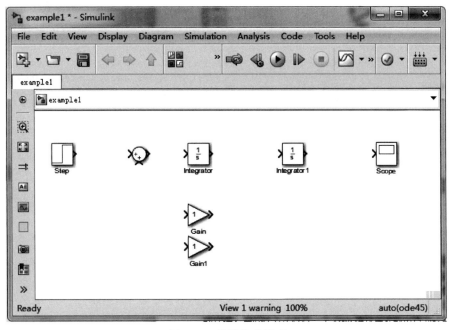

图 6-19　带模块的模型

　　然后根据微分方程进行模型的信号线连接,信号线连接只需在前面模块输出端口处用鼠标左键单击,然后拖动会出现线路,拖到后面模块输入端处,虚线变成实线,松开鼠标左键即可完成信号线连接。连接有节点的信号线时,只需按住鼠标左键将线的连接端拖到节点连接处,松开鼠标左键将自动生成信号线节点。搭建好的模型如图 6-20 所示。

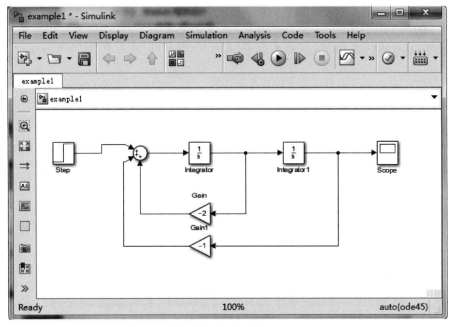

图 6-20　搭建好的模型

通过单击菜单项 Simulation 中的 Model Configuration Parameters 项,弹出仿真参数设置对话框如图 6-21 所示,可以设置求解算法、时间和输出等参数,本例按默认参数进行仿真。

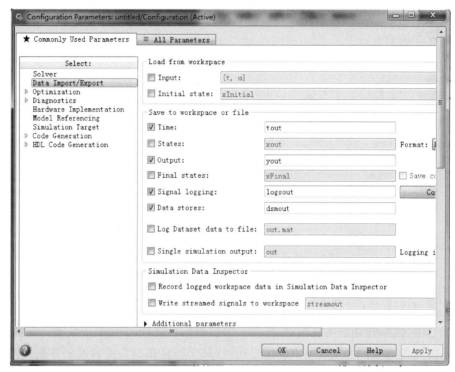

图 6-21　仿真参数设置对话框

单击 Simulation 中的 Run 项或者单击窗口上方快捷图标,可以启动模型仿真。下方进度条满格后,意味着仿真结束,双击示波器模块 Scope 可以查看仿真结果曲线,如图 6-22 所示。

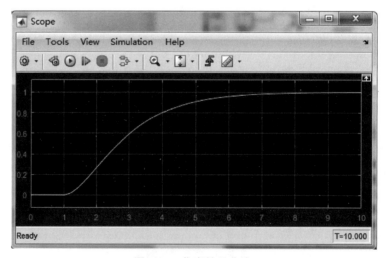

图 6-22　仿真结果曲线

　　上述微分方程的仿真也可以转换成传递函数的形式,通过 Simulink 的 Continuous 模块库中 Transfer Fcn 传递函数模块来搭建仿真模型,该种方式仿真模型更为简单,但是需要先对微分方程进行拉普拉斯变换。

6.2.2　动态系统仿真

　　MATLAB 软件对动态系统进行仿真需要利用模型所提供的信息计算,在规定时间段内输出结果的过程。对于计算机而言,整个工作总体可以分为:编译阶段、模型链接阶段、仿真循环阶段、求解阶段、保存与输出仿真结果阶段。Simulink 建模的前提是用户要对研究的既定问题建立起相应的数学模型,也就是说 Simulink 动态系统仿真是以数学模型为前提的,而数学模型则是以客观存在的物理模型为前提的。数学模型的类型与系统的特性有关,一般说来系统有线性与非线性、静态与动态、确定型与随机型、微观与宏观、定常(时不变)与非定常(时变)、集中参数与分布参数之分。同时,系统模型也与研究系统的方法有关,可以分为连续模型与离散模型、时域模型与频域模型、输入输出模型与状态空间模型等。

1. 典型测控系统仿真

　　测控系统是以检测为基础,以传输为途径,以控制为目的的闭环控制系统。通常由传感检测部分、信号传输部分、信息处理部分和信息控制部分组成。测控系统分为开环和闭环两种,其中典型的闭环控制系统主要包括:输入信号、偏差信号、反馈信号、干扰信号、控制环节和被控对象。典型的闭环控制系统示意图如图 6-23 所示。

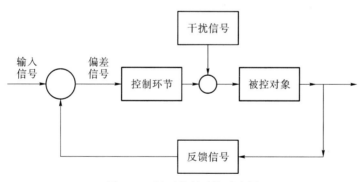

图 6-23　闭环控制系统示意图

常用的测控系统模型主要有以下几种。

　　(1) 微分方程:这种系统模型是描述动态特性的系统行为的主要时域方法。

　　(2) 传递函数:这种系统模型可以描述动态元件和系统的输入输出特性。

　　(3) 差分方程:可以用来描述离散系统的动态过程,用系统的输入、先前的状态、参数和时间函数计算当前时刻的系统状态,通常使用迭代求解。

　　(4) 代数方程:也是一种数学模型,它需要在每一时刻都求解系统的输出,对于简单系统,很容易求得系统的输入和输出,但是对于复杂系统尽可能使用数值求解方法,如迭代法等。

　　(5) 状态空间表达式:不仅适用于单输入单输出系统,也适用于多输入多输出系统;可以是线性的或非线性的,也可以是定常(时不变)或非定常(时变)的,它是系统的时域表示,允许非零值的初始条件。

(6) 零极点表达式:极点(Pole)是传递函数分母为 0 时 s 的取值,零点(Zero)是传递函数分子为 0 时 s 的取值,极点对系统的特性影响最大,零点可以用来调整极点所引起系统性能变化,取决于它与极点的相对位置。

在 MATLAB 命令窗口中可用 tf()函数建立传递函数模型,用 zpk()函数建立零极点模型,用 ss()函数建立状态空间模型,具体示例如下:

```
>> sys1 = [1];sys2 = [1 2];
>> tfsys = tf(sys1,sys2)
tfsys =

    1
  -----
  s + 2

Continuous-time transfer function.
>> z = [1 2];p = [3 4];k = 7;
>> zpksys = zpk(z,p,k)
zpksys =

  7 (s - 1) (s - 2)
  ---------------
    (s - 3) (s - 4)

Continuous-time zero/pole/gain model.
>> A = [1 2;3 4];B = [5 6;7 8];C = [7 8];D = [9 10];
>> sssys = ss(A,B,C,D)
sssys =

  A =
        x1   x2
    x1   1    2
    x2   3    4
  B =
        u1   u2
    x1   5    6
    x2   7    8
  C =
        x1   x2
    y1   7    8
  D =
        u1   u2
    y1   9   10

Continuous-time state-space model.
```

MATLAB 中还有很多用于模型处理的函数,如传递函数模型串联可用 series() 函数,传递函数模型并联可用 parrallel() 函数,建立反馈系统模型可用 feedback() 函数,将状态空间模型转换为传递函数模型可用 ss2tf() 函数,状态空间模型转换为零极点增益模型可用 ss2zp() 函数,传递函数模型转换为状态空间模型可用 tf2ss() 函数,传递函数模型转换为零极点增益模型可用 tf2zp() 函数,零极点增益模型转换为状态空间模型可用 zp2ss() 函数,零极点增益模型转换为传递函数模型可用 zp2tf() 函数。如果对系统进行阶跃信号响应仿真,可以在命令窗口使用 Step() 函数,以传递函数模型为例进行阶跃信号响应仿真如下:

```
>> sys1 = [1];sys2 = [1 2 3];
>> tfsys = tf(sys1,sys2)
tfsys =

         1
    ---------------
    s^2 + 2 s + 3
Continuous-time transfer function.
>> step(tfsys)
```

或者在 Simulink 中使用传递函数模型模块,搭建仿真模型进行阶跃信号响应仿真,具体模型如图 6-24 所示。

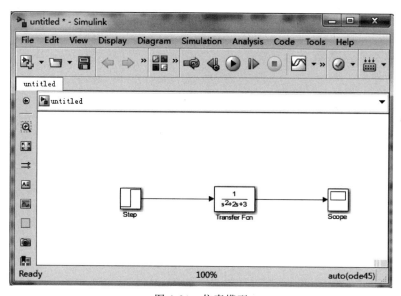

图 6-24　仿真模型

启动模型仿真,结束后双击示波器查看,Simulink 模型仿真输出结果与在命令窗口使用 step() 函数输出结果一致,响应曲线如图 6-25 所示。

2. 基于 S 函数系统仿真

MATLAB 中的 S-function 是 Simulink 模块的计算机语言描述,S-function 以特殊的方式与 Simulink 方程求解器交互,这种交互和 Simulink 内建模块的做法非常相似,通过 S-function用户可以将自己的模块加入 Simulink 模型中,模块输出值是状态、输入和时间的函数,使用 S 函数进行系统仿真是 Simulink 仿真的重要部分。

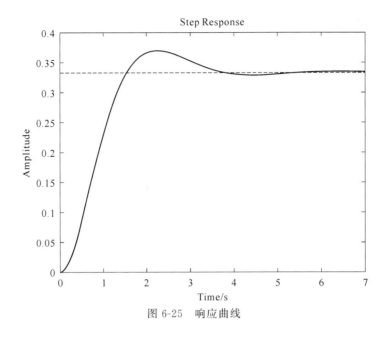

图 6-25　响应曲线

1）S 函数原理

Simulink 为我们编写 S-函数提供了各种模板文件,其中定义了 S-函数完整的框架结构,用户可以根据自己的需要加以剪裁。在 MATLAB 主界面中直接输入 edit sfuntmpl 即可弹出 S 函数模板编辑的 M 文件环境,用户根据需求在里面修改即可。删除注释语句后得到的模板程序如下所示:

```
function [sys,x0,str,ts,simStateCompliance] = sfuntmpl(t,x,u,flag)
switch flag,
  case 0,
    [sys,x0,str,ts,simStateCompliance] = mdlInitializeSizes;
  case 1,
    sys = mdlDerivatives(t,x,u);
  case 2,
    sys = mdlUpdate(t,x,u);
  case 3,
    sys = mdlOutputs(t,x,u);
  case 4,
    sys = mdlGetTimeOfNextVarHit(t,x,u);
  case 9,
    sys = mdlTerminate(t,x,u);
  otherwise
    DAStudio.error('Simulink:blocks:unhandledFlag', num2str(flag));
end
function [sys,x0,str,ts,simStateCompliance] = mdlInitializeSizes
sizes = simsizes;
sizes.NumContStates   = 0;
```

```
sizes.NumDiscStates    = 0;
sizes.NumOutputs       = 0;
sizes.NumInputs        = 0;
sizes.DirFeedthrough = 1;
sizes.NumSampleTimes = 1;
sys = simsizes(sizes);
x0  = [];
str = [];
ts  = [0 0];
simStateCompliance = 'UnknownSimState';
function sys = mdlDerivatives(t,x,u)
sys = [];
function sys = mdlUpdate(t,x,u)
sys = [];
function sys = mdlOutputs(t,x,u)
sys = [];
function sys = mdlGetTimeOfNextVarHit(t,x,u)
sampleTime = 1;
sys = t + sampleTime;
function sys = mdlTerminate(t,x,u)
sys = [];
```

上面 S-function 的模板程序中，S 函数第一行字段[sys,x0,str,ts,simStateCompliance]＝sfuntmpl(t,x,u,flag)为函数名和输入与输出变量。S 函数默认的四个输入参数 t，x，u，flag。S 函数默认的四个输出参数 sys,x0,str,ts。参数中 t 代表当前的仿真时间，该输入决定了下一个采样时间。x 表示状态向量，引用格式为 $x(1)$，$x(2)$。u 表示输入向量，flag 控制在每一个仿真阶段调用哪一个子函数的参数，由 Simulink 在调用时自动取值。sys 是通用的返回变量，返回的数值决定 flag 值。x0 是初始的状态值，引用格式：x0＝[0;0;0]。str 是空矩阵，无具体含义。ts 包含模块采样时间和偏差的矩阵[period,offset]，当 ts 为－1 时表示与输入信号同采样周期。在初始化函数设置中 NumContStates 表示连续状态的个数，NumDiscStates 表示离散状态的个数，NumOutputs 表示输出变量的个数，NumInputs 表示输入变量的个数，DirFeedthrough 表示有无直接馈入，值为 1 时表示输入直接传到输出口，NumSampleTimes 表示采样时间的个数，值为 1 时表示只有一个采样周期。

2）控制系统仿真

S 函数经常被用到控制系统仿真中，编写控制算法和动态系统模型程序非常方便，下面通过一个非线性系统的输入输出反馈线性化控制的实例[7]，来具体展示基于 S 函数的控制系统仿真方法。

非线性系统的动态方程：
$$\begin{cases} \dot{x}_1 = \sin x_2 + x_2 x_3 + x_3 \\ \dot{x}_2 = x_1^5 + x_3 \\ \dot{x}_3 = x_1^2 + u \\ y = x_1 \end{cases}$$

通过设计控制器是输出 y 跟踪期望 y_d，由系统方程可知输出 y 与控制量 u 没有直接关系，无法直接设计控制器，为了得到 y 与 u 之间的关系对 y 进行求导得：

$$\dot{y} = \dot{x}_1 = \sin x_2 + x_2 x_3 + x_3$$

由上式可见对 y 求一阶导，仍然没有得出想要的与 u 之间的关系，那么对 y 求二阶导可得到式子如下：

$$\begin{aligned}
\ddot{y} &= \ddot{x}_1 = \dot{x}_2 \cos x_2 + \dot{x}_2 x_3 + x_2 \dot{x}_3 + \dot{x}_3 \\
&= (x_1^5 + x_3) \cos x_2 + (x_1^5 + x_3) x_3 + (x_2 + 1)(x_1^2 + u) \\
&= (x_1^5 + x_3)(\cos x_2 + x_3) + (x_2 + 1) x_1^2 + (x_2 + 1) u
\end{aligned}$$

这是可以看出对 y 求取二阶导出现了与控制量 u 的关系，于是控制律如下：

$$u = \frac{v - [(x_1^5 + x_3)(\cos x_2 + x_3) + (x_2 + 1) x_1^2]}{x_2 + 1}$$

式中，v 为设计的辅助变量，于是可得到如下关系：

$$\ddot{y} = v$$

定义误差为

$$e = y_d - y$$

控制时 v 取反馈线性化的形式：

$$v = \ddot{y}_d + k_2 \dot{e} + k_1 e$$

式中，k_1 和 k_2 为正实数，于是可得：

$$\ddot{y}_d - \ddot{y} + k_2 \dot{e} + k_1 e = \ddot{e} + k_2 \dot{e} + k_1 e = 0$$

当选择适当的反馈系数，可以使 t 趋近于无穷时，上式线性化误差方程稳定，误差 e 趋近于零。这种非线性系统的反馈线性化控制方法需要精确的系统方程才可以进行控制，且无法克服外界干扰。

假设系统的期望输出 $y_d = \sin(2t)$，取 $k_1 = 2, k_2 = 5$，在 MATLAB 的 Simulink 中使用 S 函数模块进行控制仿真，搭建仿真模型如图 6-26 所示，S-Function1 模块中装载控制程序 S_control.m 文件，S-Function2 模块中装载系统模型程序 S_system.m 文件，示波器 Scope 查看误差，示波器 Scope1 查看控制量，示波器 Scope2 查看期望曲线和实际输出曲线。

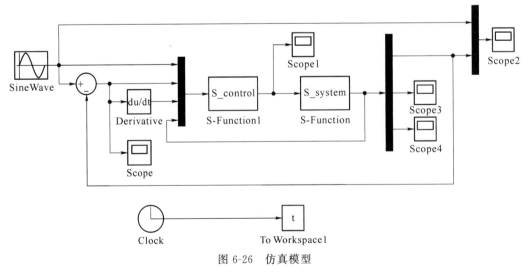

图 6-26　仿真模型

模型中 S_control. m 中控制程序如下：

```
function [sys,x0,str,ts] = control(t,x,u,flag)
switch flag,
case 0,
    [sys,x0,str,ts] = mdlInitializeSizes;
case 1,
    sys = mdlDerivatives(t,x,u);
case 3,
    sys = mdlOutputs(t,x,u);
case {1, 2, 4, 9 }
    sys = [];
otherwise
    error(['Unhandled flag = ',num2str(flag)]);
end
function [sys,x0,str,ts] = mdlInitializeSizes
sizes = simsizes;
sizes.NumDiscStates    = 0;
sizes.NumOutputs       = 1;                              %一个输出
sizes.NumInputs        = 6;                              %6个输入
sizes.DirFeedthrough = 1;
sizes.NumSampleTimes = 0;
sys = simsizes(sizes);
x0 = [];
str = [];
ts = [];
function sys = mdlOutputs(t,x,u)
yd = u(1);dyd = cos(t);ddyd = - sin(t);
e = u(2);de = u(3);
x1 = u(4);x2 = u(5);x3 = u(6);
k1 = 8;k2 = 8;                                           %反馈系数
v = ddyd + k1 * e + k2 * de;
ut = 1.0/(x2 + 1) * (v - ((x1^5 + x3) * (x3 + cos(x2)) + (x2 + 1) * x1^2));   %控制量
sys(1) = ut;
 %程序结束
```

模型中 S_system. m 系统模型程序如下：

```
function [sys,x0,str,ts] = system(t,x,u,flag)
switch flag,
case 0,
    [sys,x0,str,ts] = mdlInitializeSizes;
case 1,
    sys = mdlDerivatives(t,x,u);
case 3,
    sys = mdlOutputs(t,x,u);
case {2, 4, 9 }
    sys = [];
otherwise
    error(['Unhandled flag = ',num2str(flag)]);
end
function [sys,x0,str,ts] = mdlInitializeSizes
sizes = simsizes;
sizes.NumContStates   = 3;
sizes.NumDiscStates   = 0;
sizes.NumOutputs      = 3;               %3个输出
sizes.NumInputs       = 1;               %1个输入
sizes.DirFeedthrough = 1;
sizes.NumSampleTimes = 0;
sys = simsizes(sizes);
x0 = [0.15 0 0];
str = [];
ts = [];
function sys = mdlDerivatives(t,x,u)
ut = u(1);                               %输入
%系统模型
sys(1) = sin(x(2)) + (x(2) + 1) * x(3);
sys(2) = x(1)^5 + x(3);
sys(3) = x(1)^2 + ut;
function sys = mdlOutputs(t,x,u)
sys(1) = x(1);sys(2) = x(2);sys(3) = x(3);   %输出
%程序结束
```

期望和实际输出曲线对比如图 6-27 所示,跟踪误差曲线如图 6-28 所示,控制量变化曲线如图 6-29 所示,从曲线的变化情况来看,设计的控制器能够使非线性系统输出跟踪期望曲线,S 函数用于动态系统仿真十分便捷。

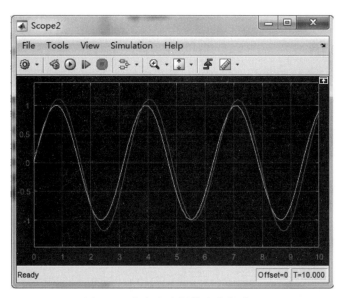

图 6-27　期望和实际输出曲线对比

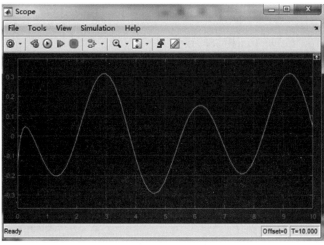

图 6-28　跟踪误差曲线

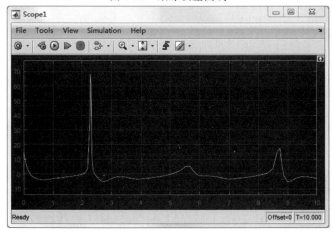

图 6-29　控制量变化曲线

6.3　本章小结

通过本章对 MATLAB 软件的程序设计和仿真基础的介绍,可以掌握 MATLAB 的数值计算方法,并且利用绘图命令可以进行二维曲线图和三维曲面图的绘制。MATLAB 使用的 M 文件可以用来存放命令集和编写函数程序,在主窗口可以直接调用,其程序设计可以使用通用的选择或循环语句,以及子函数嵌套。Simulink 中集成了多种模块库,用户可以根据自己的需求进行选择,使用时只需将需要的模块拖到模型文件中,模型文件具有很友好的交互模式,连接信号线只需鼠标拖动即可。MATLAB 的 Simulink 仿真环境中包含了自定义模块,可以用来对复杂的动态系统进行仿真,其中 S 函数模块可以编写动态系统程序,在控制系统中会经常用到,本章内容为后面章节的机器人控制仿真打下基础。

6.4　思考练习题

1. 分析说明 Mux 和 Demux 模块的用途。
2. 如何应用传递函数模块对微分方程进行仿真?
3. 如何应用绘图命令绘制示波器中显示的曲线?

第7章 移动机器人控制仿真

移动机器人的运动控制主要是对移动机器人进行大范围运动的路径控制,因此移动机器人的运动学模型非常重要。移动机器人运动与机器人底盘上轮子的布置密切相关,而轮式移动机器人最简单的驱动方式就是双轮驱动。移动机器人的控制既需要利用运动学模型,也需要利用传感器信息作为反馈信号,将两者有效地结合才能设计出有效的控制方法。本章将对移动机器人常用的控制方法,尤其是 PID 方法和反步法进行介绍,同时通过具体仿真实例展示控制器的设计过程以及应用 MATLAB 软件的仿真步骤。

7.1 移动机器人反馈控制仿真

7.1.1 PID 控制

1. PID 原理

PID 控制器是常见的反馈控制器件,是在控制应用中最早出现的控制器类型,因其结构简单,各个控制器参数有着明显的物理意义且调整方便,所以这类控制器很受工程技术人员的喜爱。在实际的过程控制与运动控制系统中,PID 反馈控制器应用很广泛,据统计工业控制的控制器中 PID 类控制占 90% 以上,而移动机器人控制中应用 PID 方法设计的控制器也占有很大部分。在控制过程中,PID 控制器把收集到的数据和一个参考值进行比较,然后把这个差别用于计算新的输入值,使系统的状态达到或保持处在期望值。与其他简单控制运算器不同,PID 控制器可以根据先前的状态和偏差来调增控制输入,使得系统的输出更加准确、稳定和快速。PID 控制器的控制过程可以通过图 7-1 所示的控制框图来表示。

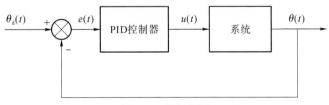

图 7-1　控制框图

控制器名字 PID 源于英文 Proportion-Integral-Differential 的首字母,中文的意思是比例-积分-微分,因此控制器输出是由比例、积分和微分三个部分组合而成,即 PID 控制器是根据系统的误差,利用比例、积分和微分计算出的控制量对被控对象进行控制。如图 7-2 中机器人的角度控制，$\theta_d(t)$ 是给定值，$\theta(t)$ 是系统的实际输出值，给定值与实际输出值构成控制偏差 e，$e = \theta_d(t) - \theta(t)$。$e$ 作为 PID 控制的输入，在 PID 控制器从上到下分别为比例部分、积分部分和微分部分，每部分信号通过对应的传递函数形式来表达，在 PID 输出前进行求和处理，最后得出控制量 u，PID 控制器的输出用于被控对象的输入。

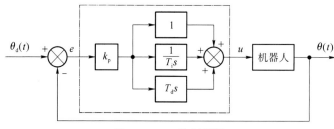

图 7-2　PID 控制框图

根据 PID 控制器各组成部分的数学模型，可以写出控制器的综合数学时域表达式具有如下形式：

$$u(t) = k_p\left[e(t) + \frac{1}{T_i}\int_0^t e(\tau)\mathrm{d}\tau + T_d\frac{\mathrm{d}e(t)}{\mathrm{d}t}\right]$$

式中，k_p 为比例系数，T_i 为积分时间，T_d 为微分时间。时域表达式也可表示为

$$u(t) = k_p e(t) + k_i\int_0^t e(\tau)\mathrm{d}\tau + k_d\frac{\mathrm{d}e(t)}{\mathrm{d}t}$$

式中，k_i 为积分系数，k_d 为微分系数。对于离散信号也可表示为

$$u(k) = k_p e(k) + k_i\sum_{i=0}^k e(i) + k_d[e(k) - e(k-1)]$$

PID 控制器数学表达式中的每一项对整个系统的控制都起着重要作用。其中比例调节项，能够按比例反映当前系统的偏差，系统一旦出现了偏差，比例调节立即产生调节作用来减少偏差；积分调节项，输出的是过去系统误差的积累，使系统消除稳态误差，如果有误差存在，积分调节就起作用，直至误差消失积分调节才停止，积分调节输出一常值；微分调节项，反映未来系统偏差信号的变化率，具有预见性的产生超前控制作用，可以减少超调和调节时间，改善系统的动态性能，但微分作用对噪声干扰有放大作用，因此过强地加大微分调节，对系统抗干扰不利。

不同类型 PID 控制器的结构不同，但基本规律就是利用比例控制、积分控制和微分控制来设计控制器。这几种控制规律可以单独使用，也可以组合使用，比如比例控制器、比例积分控制器和比例微分控制器等，下面分别介绍这三种类型的反馈控制。

1）比例（P）控制器

控制律为

$$u = k_p e + u_0$$

比例调节器控制律中 u 是控制器输出，k_p 是比例系数，u_0 是控制量的基准，即 $e=0$ 时的控制作用量。比例控制器对于偏差阶跃变化的时间响应如图 7-3 所示。比例控制器对于偏差 e 是即时反应的，偏差一旦产生，调节器立即产生控制作用使被控量朝着偏差减小的方向变化，控制作用的强弱取决于比例系数 k_p 的大小，比例调节器具有简单和快速的特点，但是

控制输出有静差。实际应用中,比例系数的大小应根据具体情况确定。比例系数过小,不利于克服扰动并且余差过大,控制效果就会变差,起不到控制作用。比例系数过大,容易导致系统稳定性变差,引发振荡。对于反应灵敏和放大能力强的控制对象易采用小的比例系数,而对于反应迟钝和放大能力弱的控制对象,比例系数可选得大一些。

2) 比例积分(PI)控制器

控制律为

$$u = k_{\mathrm{p}}\left(e + \frac{1}{T_{\mathrm{i}}}\int_0^t e\mathrm{d}t\right) + u_0$$

比例积分控制器控制律中 T_i 是积分时间常数,由于比例控制器不能消除余差,在某些控制应用中不能单独使用,所以在比例控制的基础上加上积分控制作用,构成比例积分控制器。比例积分控制器对于偏差的阶跃响应如图 7-4 所示,可看出除按比例变化的成分外,还带有累计的成分,只要偏差 e 不为零,它将通过累计作用影响控制量 u,并减小偏差,直至偏差为零,控制作用不再变化,使系统达到稳态。控制器积分时间的大小表征了积分控制作用的强弱,积分时间越小控制作用越强,而积分时间越大控制作用越弱。积分控制虽然能消除余差,但是它不能及时控制,因为积分输出的累积是渐进的,其产生的控制总是落后于偏差的变化,不能及时有效地克服干扰的影响,难以使控制系统稳定下来,因此一般应用中不会单独使用积分控制,而是将其与比例控制结合起来使用,这种组合可以取比例控制和积分控制的长处,互相弥补短处,使控制达到迅速及时且消除余差的效果。

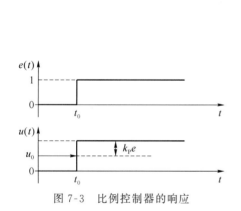

图 7-3　比例控制器的响应

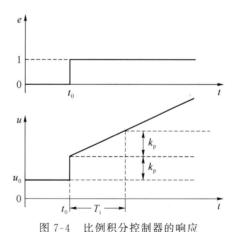

图 7-4　比例积分控制器的响应

3) 比例微分(PD)控制器

控制率为

$$u = k_{\mathrm{p}}\left(e + T_{\mathrm{d}}\frac{\mathrm{d}e}{\mathrm{d}t}\right) + u_0$$

比例积分控制器对于时间滞后的控制对象的使用不够理想,当被控对象受到扰动后,被控变量没有立即发生变化,而在时间上有一个延时,控制显得迟钝,为此采用比例微分控制器来根据偏差变化的趋势做出控制动作。比例微分控制器中 T_d 是微分时间,理想的比例微分控制器对偏差阶跃变化的响应如图 7-5 所示,它在偏差 e 阶跃变化的瞬间 $t = t_0$ 处有一冲击式瞬时响应,这是由附加的微分环节引起的。微分输出只与偏差变化的速度有关,而与偏差的大小和偏差是否存在无关,微分时间越大微分输出的作用就越大。微分控制的作用具有动作迅速和控制超前的特点,对具有较大时间滞后的对象具有良好的控制效果,但不能消除余差,所以不能单独使用微分控制律,它与比例控制律结合后,控制效果要比单纯的比例作用快,可减小动偏差幅度,节省控制时间,显著改善控制质量。

4) 比例积分微分(PID)控制器

控制率为

$$u = k_p \left(e + \frac{1}{T_i} \int_0^t e \mathrm{d}t + T_d \frac{\mathrm{d}e}{\mathrm{d}t} \right) + u_0$$

最理想的控制律应当是比例积分微分控制律,对偏差阶跃信号的响应如图 7-6 所示,它集成了三种控制律的优点,既有比例作用的及时迅速,又有积分控制消除余差的作用,并且还能利用微分量实现超前控制。当偏差阶段阶跃出现的时候,微分控制大幅作用,抑制偏差的这种跃变,然后比例控制使偏差变小,并且保持持久的稳定,在积分作用下慢慢消除余差。比例系数越大比例环节作用越强,但过大的比例系数控制系统会出现振荡。积分系数越大积分环节作用越强,但是积分控制具有控制不及时的特点。微分环节的主要作用是适当改变偏差的变化速度,克服外界干扰,抑制偏差增长,但过大的微分系数容易引起被控变量大幅振荡。

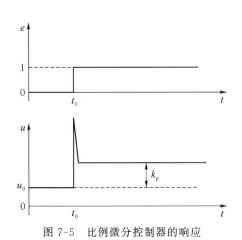

图 7-5 比例微分控制器的响应

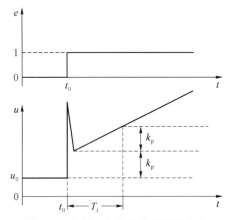

图 7-6 比例积分微分控制器的响应

如果想要达到理想的输出效果,PID 控制器的参数调节将非常重要,因此出现了一些智能调参算法与 PID 结合的控制,如模糊 PID 控制、神经网络 PID 控制和专家 PID 控制等智能控制方法。当 PID 控制器中积分系数或微分系数变为零时,就退化为前面所讲述的比例(P)控制、比例积分(PI)控制或比例微分(PD)控制。

2. 仿真方法

利用 MATLAB 的 Simulink 模块进行 PID 控制仿真可以有多种方法,下面以一个典型的二阶系统作为被控对象,其传递函数具有如下形式:

$$T(s) = \frac{20}{s^2 + 30s + 1}$$

建立 Simulink 仿真模型空白文档,在模块库中拖出 PID 控制模块和传递函数模块,另外拖出正弦信号源模块作为输入信号,拖出示波器模块来查看系统输出结果,设置 PID 控制器比例系数 $k_p = 1$,积分系数 $k_i = 0.5$,微分系数 $k_d = 0.1$,在传递函数模块中设置系统参

数使其表示被控系统,在 Simulink 中搭建的控制系统模型如图 7-7 所示,示波器查看的仿
真结果如图 7-8 所示。

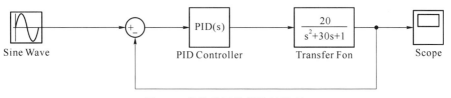

图 7-7　带传递函数模块的模型

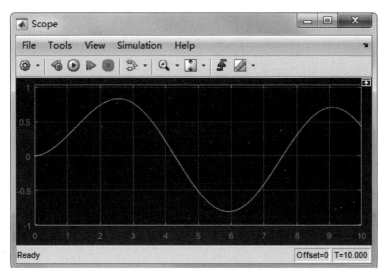

图 7-8　仿真结果图

除了上述方法外,也可通过 Simulink 模块库中的比例模块、微分模块和积分模块来搭
建 PID 控制系统,被控对象也可以转换成状态空间模型来进行仿真,应用 tf2ss()函数得到
传递函数转化为状态空间模型的结果如下所示:

```
>> sys1 = [20];sys2 = [1 30 1];
>>[A,B,C,D] = tf2ss(sys1,sys2)
A =
   - 30     - 1
     1        0
B =
     1
     0
C =
     0      20
D =
     0
```

在模块库中拖出状态空间模型模块和其他模块,设置模型参数,在 Simulink 中搭建的仿真模型如图 7-9 所示,当输入信号、控制参数和被控系统不变时,该模型仿真结果与图 7-8 是相同的。

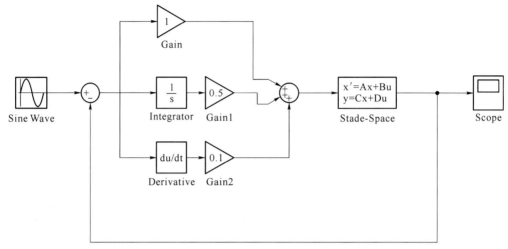

图 7-9　带态空间模块的模型

在 Simulink 中进行控制仿真经常会用 S 函数来实现,显然 PID 控制中也可应用 S 函数仿真,在编写函数程序时被控系统要转换成时域微分方程组的形式,转化结果具体如下式所示:

$$\begin{cases} \dot{x}_1 = x_2 \\ \dot{x}_2 = 20u - 30x_2 - x_1 \\ y = x_1 \end{cases} \quad 或 \quad \begin{cases} \dot{x}_1 = -30x_1 - x_2 + u \\ \dot{x}_2 = x_1 \\ y = 20x_2 \end{cases}$$

搭建的 Simulink 仿真模型如图 7-10 所示,仿真运行结果与图 7-8 一致。

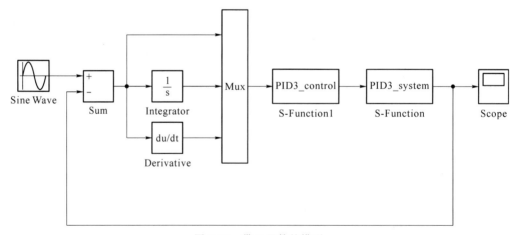

图 7-10　带 S 函数的模型

模型中的 PID 控制模块的 S 函数程序为

```
function [sys,x0,str,ts] = s_function(t,x,u,flag)
switch flag,
    case 0,
        [sys,x0,str,ts] = mdlInitializeSizes;
    case 3,
        sys = mdlOutputs(t,x,u);
    case {2, 4, 9 }
        sys = [];
    otherwise
        error(['Unhandled flag = ',num2str(flag)]);
end
function [sys,x0,str,ts] = mdlInitializeSizes
sizes = simsizes;
sizes.NumContStates    = 0;
sizes.NumDiscStates    = 0;
sizes.NumOutputs       = 1;
sizes.NumInputs        = 3;
sizes.DirFeedthrough = 1;
sizes.NumSampleTimes = 0;
sys = simsizes(sizes);
x0 = [];
str = [];
ts = [];
function sys = mdlOutputs(t,x,u)
error = u(1);errori = u(2);derror = u(3);
kp = 1;ki = 0.5;kd = 0.1;
ut = kp * error + ki * errori + kd * derror; % PID 控制律
sys(1) = ut;
```

模型中的控制对象的 S 函数程序为

```
function [sys,x0,str,ts] = s_function(t,x,u,flag)
switch flag,
    case 0,
        [sys,x0,str,ts] = mdlInitializeSizes;
case 1,
        sys = mdlDerivatives(t,x,u);
    case 3,
        sys = mdlOutputs(t,x,u);
    case {2, 4, 9 }
        sys = [];
```

```
    otherwise
        error(['Unhandled flag = ',num2str(flag)]);
end
function [sys,x0,str,ts] = mdlInitializeSizes
sizes = simsizes;
sizes.NumContStates    = 2;
sizes.NumDiscStates    = 0;
sizes.NumOutputs       = 1;
sizes.NumInputs        = 1;
sizes.DirFeedthrough   = 0;
sizes.NumSampleTimes   = 0;
sys = simsizes(sizes);
x0 = [0,0];
str = [];
ts = [];
function sys = mdlDerivatives(t,x,u)
% 系统微分方程组
sys(1) = x(2);
sys(2) = -30 * x(2) - x(1) + 20 * u;
function sys = mdlOutputs(t,x,u)
sys(1) = x(1);
```

7.1.2 反馈控制仿真

1. 点位控制

如图 7-11 所示,以双轮差速驱动的轮式移动机器人为例,移动机器人在平面内运动到点 $P(x,y)$ 处,机器人本体坐标系与全局坐标系不重合,即存在机器人的方位角 θ。

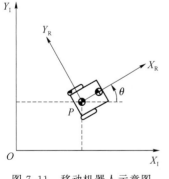

由于轮子约束在机器人本体坐标系中侧向速度为 0,纵向速度为 v,则全局坐标系下速度可以表示为

$$\begin{cases} \dot{x} = v\cos\theta \\ \dot{y} = v\sin\theta \\ \omega = \dot{\theta} \end{cases}$$

针对两轮驱动机器人由其运动学模型可得

$$\begin{cases} v = \dfrac{r\dot{\varphi}_1}{2} + \dfrac{r\dot{\varphi}_2}{2} \\ \dot{\theta} = \dfrac{r\dot{\varphi}_1}{d} - \dfrac{r\dot{\varphi}_2}{d} \end{cases}$$

图 7-11 移动机器人示意图

式中,r 为轮子半径,φ_1 和 φ_1 是轮子转动角度,d 是两个轮子间的距离,实际控制时利用运动学模型可以根据机器人速度和角速度解算出每个轮子的转速。

下面针对这种两轮驱动的移动机器人进行点定位控制,不考虑具体的轮子布置形式,通过对机器人的速度和角速度进行控制,期望实现移动机器人从目前所处位置(0,0)运动到期望位置点(x_d,y_d)停止。

在控制之前先设置机器人的速度控制律具有如下距离反馈形式:

$$v=k_v\sqrt{(x_d-x)^2+(y_d-y)^2}$$

式中,k_v是与速度相关的距离反馈系数。接着设置机器人的角速度控制律具有如下角度反馈形式:

$$\dot{\theta}=k_\theta(\theta_d-\theta)=k_\theta\left[\arctan\left(\frac{y_d-y}{x_d-x}\right)-\theta\right]$$

式中,k_θ为与角速度相关的角度反馈系数,假设机器人装载的传感器可以时刻测得机器人位置和方位角,在 Simulink 中搭建的仿真模型如图 7-12 所示,其将机器人本体速度和角速度作为控制量,设置反馈控制参数进行点定位控制仿真。

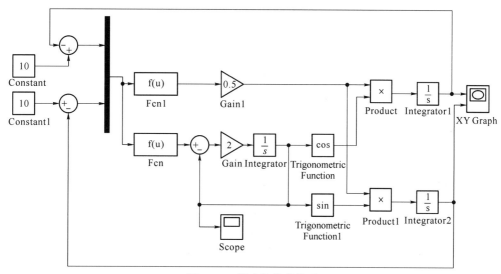

图 7-12　搭建的仿真模型

仿真模型中设置机器人期望位置(10,10),积分模块默认机器人初始位置(0,0)和初始方位角 0°,Fcn 函数模块用来计算机器人朝向目标的角度 θ_d,Fcn1 模块用来计算机器人与目标的距离,反馈系数 $k_v=0.5,k_\theta=2$,机器人从初始位置移动到期望位置的运动轨迹仿真结果如图 7-13 所示。

2. 位姿控制

如图 7-14 所示,当移动机器人的控制不仅要求运动到一个目的地点,还需要到达时姿态角度也满足预期要求,那么就需要一个位置姿态同时反馈控制的控制器,为了方便控制将机器人在直角坐标系的速度表示转化成极坐标形式。

根据图 7-14 的符号定义和坐标关系,得到极坐标下变换关系式如下:

$$\begin{pmatrix}\dot{\rho}\\\dot{\alpha}\\\dot{\beta}\end{pmatrix}=\begin{pmatrix}-\cos\alpha & 0\\ \dfrac{\sin\alpha}{\rho} & -1\\ -\dfrac{\sin\alpha}{\rho} & 0\end{pmatrix}\begin{pmatrix}v\\ \omega\end{pmatrix}$$

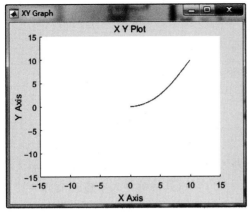

图 7-13　轨迹仿真结果　　　　　　图 7-14　运动示意图

式中：

$$\rho = \sqrt{\Delta x^2 + \Delta y^2}$$

$$\alpha = \arctan \frac{\Delta y}{\Delta x} - \theta$$

$$\beta = -\theta - \alpha$$

同样通过对机器人的速度和角速度采用反馈控制,角速度控制律多了一项期望方位 β 的反馈,最终控制律为

$$v = k_v \rho$$

$$\omega = k_a \alpha + k_\beta \beta$$

将上式代入极坐标的运动方程可得

$$\begin{pmatrix} \dot{\rho} \\ \dot{\alpha} \\ \dot{\beta} \end{pmatrix} = \begin{pmatrix} -k_\rho \cos\alpha \\ k_\rho \sin\alpha - k_a \alpha - k_\beta \beta \\ -k_\rho \sin\alpha \end{pmatrix}$$

当控制机器人运动时,角 α 会逐渐趋于零,在 0 点附近线性化得到下式:

$$\begin{pmatrix} \dot{\rho} \\ \dot{\alpha} \\ \dot{\beta} \end{pmatrix} = \begin{pmatrix} -k_\rho & 0 & 0 \\ 0 & k_\rho - k_a & -k_\beta \\ 0 & -k_\rho & 0 \end{pmatrix} \begin{pmatrix} \rho \\ \alpha \\ \beta \end{pmatrix}$$

系数矩阵的特征多项式的根在负半平面时系统稳定,即 $k_\rho > 0, k_a > k_\rho, k_\beta < 0$。取 $k_\rho = 1$, $k_a = 2, k_\beta = -1$,在点定位控制模型基础上,添加角速度控制的姿态角 β 反馈,搭建 Simulink 仿真模型,如图 7-15 所示。

控制机器人从初始(0,0)位置和方向角 0°开始运动,期望在(10,10)位置停止,并且方向角也是 0°。模型中 XYGraph 模块显示的机器人的轨迹如图 7-16 所示,Scope 模块显示的 β 角的变化过程如图 7-17 所示。

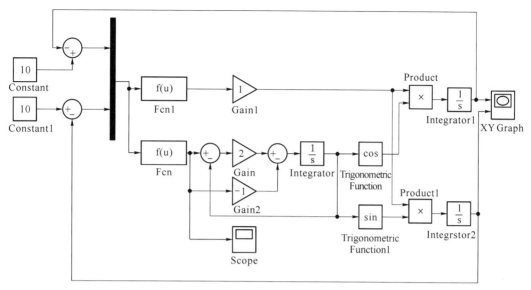

图 7-15　Simulink 仿真模型

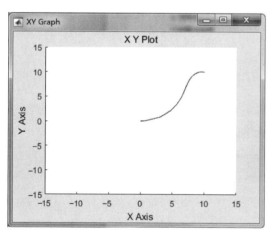

图 7-16　机器人的轨迹

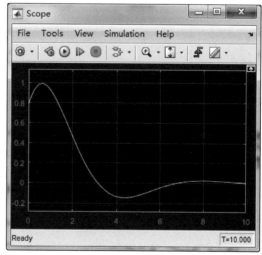

图 7-17　β 角的变化过程

3. 直线控制

移动机器人的控制除了点定位控制和位置姿态控制,还有路径控制也是常见的。路径控制机器人在平面上沿着一条路径规划器制定的路径运动。路径控制也可以采用一种纯追踪的反馈方法实现,基本思路是先假定在曲线路径上存在一个移动的虚拟目标点,然后控制移动机器人去追踪这个虚拟目标点。以机器人与被追踪点之间的距离作为误差可表示为

$$e = \sqrt{(x_d - x)^2 + (y_d - y)^2}$$

为了使机器人的误差最终消失,设计带积分的速度控制律具有如下形式:

$$v = k_v e + k_i \int e \, dt$$

移动机器人的另一个转向控制律仍然和点定位控制时相同,表达式为

$$\omega = k_\theta \left[\arctan\left(\frac{y_d - y}{x_d - x} \right) - \theta \right]$$

在 Simulink 中搭建系统系统模型,移动机器人跟踪的是一条 $y=1$ 的直线路径,设虚拟点坐标为 $(t,1)$,搭建具体模型如图 7-18 所示。

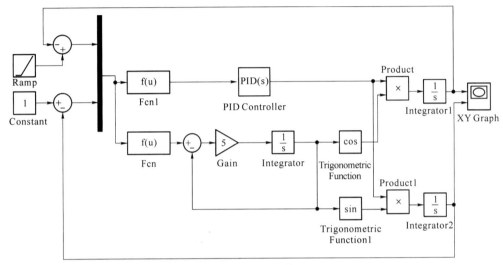

图 7-18 搭建的具体模型

速度控制采用 PID 控制模块实现,其中 $k_v = 0.5$,$k_i = 0.1$,$k_\theta = 5$,10 秒内移动机器人从初始 $(0,0)$ 的位置追踪直线路径,控制仿真结果如图 7-19 所示。

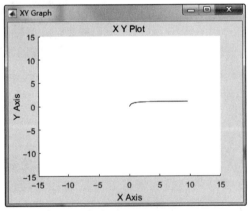

图 7-19 控制仿真结果

综上所述可完成移动机器人的路径控制,因为在所设计的转向控制率中应用了反三角函数,所以目标点不能出现在机器人的左边,否则控制率会随着反三角函数的符号变化而发生跳变,将导致机器人控制失败,这个问题将在下一节得到解决。

7.2 移动机器人反步法控制仿真

7.2.1 反步法原理

反步设计法的基本思想是将复杂的非线性系统分解成不超过系统阶数的子系统,然后为每个子系统部分设计 Lyapunov 函数和中间虚拟控制量,一直后退到整个系统,将它们集成起来完成整个控制律的设计。其基本设计方法是从一个高阶系统的内核开始,设计虚拟控制律保证内核系统的稳定性,然后对得到的虚拟控制律逐步修正来保证预期性能,进而设计出真正的稳定控制器,实现系统的全局调节或跟踪,使系统达到期望的性能指标。反步设计法适用于可状态线性化或具有严参数反馈的不确定非线性系统。

假设被控制系统具有如下表达式:

$$\begin{cases} \dot{x}_1 = x_2 \\ \dot{x}_2 = f(x,t) + b(x,t)u \end{cases}$$

通过反步法设计控制率,定义位置误差为

$$z_1 = x_1 - z_d$$

式中,z_d 为期望信号。则有

$$\dot{z}_1 = \dot{x}_1 - \dot{z}_d = x_2 - \dot{z}_d$$

定义虚拟控制量为

$$\alpha_1 = -c_1 z_1 + \dot{z}_d$$

式中,c_1 是大于零的反馈系数,定义为

$$z_2 = x_2 - \alpha_1$$

定义 Lyapunov 函数为

$$V_1 = \frac{1}{2} z_1^2$$

则有

$$\begin{aligned} \dot{V}_1 &= z_1 \dot{z}_1 \\ &= z_1 (x_2 - \dot{z}_d) \\ &= z_1 (z_2 + \alpha_1 - \dot{z}_d) \end{aligned}$$

带入虚拟控制量可得

$$\dot{V}_1 = -c_1 z_1^2 + z_1 z_2$$

如果 $z_2 = 0$,则上式小于等于 0,为此还需进一步设计。

定义 Lyapunov 函数为

$$V_2 = V_1 + \frac{1}{2} z_2^2$$

由于

$$\dot{z}_2 = \dot{x}_2 - \dot{\alpha}_1$$
$$= f(x,t) + b(x,t)u + c_1\dot{z}_1 - \ddot{z}_d$$

则

$$\dot{V}_2 = \dot{V}_1 + z_2\dot{z}_2$$
$$= -c_1z_1^2 + z_1z_2 + z_2(f(x,t) + b(x,t)u + c_1\dot{z}_1 - \ddot{z}_d)$$

为使上式小于等于 0,设计控制律为

$$u = \frac{1}{b(x,t)}[-f(x,t) - c_2z_2 - z_1 - c_1\dot{z}_1 + \ddot{z}_d]$$

式中,取 c_2 为大于 0 的反馈系数,则

$$\dot{V}_2 = -c_1z_1^2 - c_2z_2^2 \leqslant 0$$

通过控制律的设计,使得系统满足 Lyapunov 稳定性理论条件,z_1 和 z_2 渐进稳定,从而保证系统具有全局意义下的渐进稳定。

7.2.2 轨迹跟踪控制仿真

1. 控制律设计

针对移动机器人的轨迹运动,可以应用反步法设计控制率跟踪控制实现,移动机器人的运动学方程具有如下简单形式:

$$\begin{cases} \dot{x} = v\cos\theta \\ \dot{y} = v\sin\theta \end{cases}$$

式中,(x,y) 为全局坐标系下的位置,θ 为机器人的方位角。

设 (x_d, y_d) 为移动机器人期望轨迹坐标,则可得位置跟踪误差为

$$\begin{cases} x_e = x_d - x \\ y_e = y_d - y \end{cases}$$

则求导可得速度关系为

$$\begin{cases} \dot{x}_e = \dot{x}_d - \dot{x} \\ \dot{y}_e = \dot{y}_d - \dot{y} \end{cases}$$

反步法设计控制律首先引入虚拟角度控制量 α,满足如下关系:

$$\begin{cases} \dot{x} = v\cos\alpha \\ \dot{y} = v\sin\alpha \end{cases}$$

定义 Lyapunov 函数为

$$V_1 = \frac{1}{2}x_e^2 + \frac{1}{2}y_e^2$$

求导得

$$\dot{V}_1 = x_e\dot{x}_e + y_e\dot{y}_e$$
$$= x_e(\dot{x}_d - \dot{x}) + y_e(\dot{y}_d - \dot{y})$$
$$= x_e(\dot{x}_d - v\cos\alpha) + y_e(\dot{y}_d - v\sin\alpha)$$

设计控制量具有如下反馈形式：

$$\begin{cases} v\cos\alpha = \dot{x}_{d} + c_1 x_e \\ v\sin\alpha = \dot{y}_{d} + c_2 y_e \end{cases}$$

则得

$$\dot{V}_1 = -c_1 x_e^2 - c_2 y_e^2 < 0$$

由虚拟控制量的设计形式可得速度控制律和角度控制律为

$$\begin{cases} v = \sqrt{(\dot{x}_d + c_1 x_e)^2 + (\dot{y}_d + c_2 y_e)^2} \\ \alpha = \arctan\dfrac{\dot{y}_d + c_2 y_e}{\dot{x}_d + c_1 x_e} \end{cases}$$

可见当位置误差趋近于 0 时，虚拟角度控制量 α 趋近于期望方位角 θ_d。为了使机器人的实际方位角 θ 跟踪 θ_d，下一步设计要保证 θ 跟踪 α。定义角度误差为

$$e = \alpha - \theta$$

定义 Lyapunov 函数为

$$V_2 = V_1 + \frac{1}{2}e^2$$

求导得

$$\begin{aligned} \dot{V}_2 &= -c_1 x_e^2 - c_2 y_e^2 + e\dot{e} \\ &= -c_1 x_e^2 - c_2 y_e^2 + e(\dot{\alpha} - \dot{\theta}) \\ &= -c_1 x_e^2 - c_2 y_e^2 + e(\dot{\alpha} - \omega) \end{aligned}$$

设计角速度控制率为如下反馈形式：

$$\omega = \dot{\alpha} + c_3 e$$

则

$$\dot{V}_2 = -c_1 x_e^2 - c_2 y_e^2 - c_3 e^2 < 0$$

所以通过反步法设计的虚拟角控制率、速度控制率和角速度控制率可以使机器人稳定地跟踪期望位置。

在虚拟控制律设计时采用了反三角函数，仍然会出现角度跳变的问题，因此在 Simulink 仿真中采用 S 函数编程进行解决处理。控制律中应用的 arctan() 反三角函数的值域为 $(-\pi/2, \pi/2)$，小于虚拟控制量 α 的变化范围，因此换用 MATLAB 中的 angle() 函数来计算辐角，值域为 $(-\pi, \pi)$，但是当虚拟控制量 α 在 π 角度增大，或在 $-\pi$ 角度减小时，angle() 函数值仍发生跳变。因此为了保证控制量在 S 函数中连续，先判断当前角度与上一时刻角度符号是否相同，若不同，则角度可能出现在 0 值附近或跳变点处，在跳变点附近时当前角度与上一时刻角度的乘积与 π^2 接近，以此为条件将跳变时刻检测出来。若角度从 π 跳变到 $-\pi$，angle() 计算出的角度加上 2π，若角度从 $-\pi$ 跳变到 π，angle() 计算出的角度减去 2π，通过 S 函数编程实现虚拟控制角 α 跳变点的检测和计算，保证控制的连续性。

2. 仿真与结果

在文献[10]的仿真实例的基础上可方便地改变相关参数，并进行移动机器人轨迹跟踪 MATLAB 仿真和结果分析。取 $x_d = 10\cos(0.5t)$，$y_d = 10\sin(0.5t)$，给定轨迹是半径为 10 的圆的期望位置，反馈系数取 $c_1 = 5$，$c_2 = 5$，$c_3 = 10$，应用反步法设计的控制律对移动机器人的轨迹跟踪进行控制仿真。

（1）用 Simulink 搭建仿真模型如图 7-20 所示,左边两个三角函数信号源是二维位置期望信号,S-Function1 与命名为 step_control_v 的速度量和虚拟角度量控制函数程序 M 文件相关联,S-Function2 与命名为 step_control_w 的转速量控制函数程序 M 文件相关联,S-Function 与命名为 step_system 的移动机器人运动学模型函数程序 M 文件相关联,Scope 为查看速度控制量信号,Scope1 为查看虚拟控制量信号,XYGraph2 为移动机器人轨迹跟踪曲线。

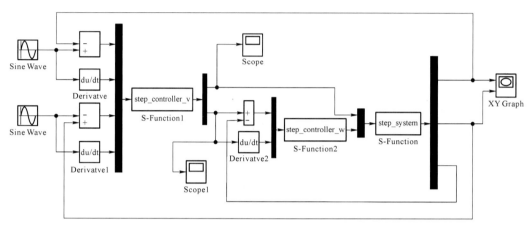

图 7-20　仿真模型

（2）速度和虚拟角控制器程序 step_control_v

```
%定义 S 函数和初始化
function [sys,x0,str,ts] = controller1(t,x,u,flag)
switch flag,
    case 0,
      [sys,x0,str,ts] = mdlInitializeSizes;
    case 3,
      sys = mdlOutputs(t,x,u);
    case {1,2,4,9}
      sys = [];
    otherwise
      error(['Unhandled flag = ',num2str(flag)]);
end
function [sys,x0,str,ts] = mdlInitializeSizes
sizes = simsizes;
sizes.NumOutputs     = 2;
sizes.NumInputs      = 4;
sizes.DirFeedthrough = 1;
sizes.NumSampleTimes = 1;
sys = simsizes(sizes);
x0   = [];
str  = [];
```

```
ts    = [0 0];
function sys = mdlOutputs(t,x,u)
persistent k p1
c1 = 5;c2 = 5;
xe = u(1);ye = u(3);
dxd = u(2);dyd = u(4);
m1 = dxd + c1 * xe;
m2 = dyd + c2 * ye;
z = m1 + m2 * i;
p = angle(z);              % 求角度函数
if t == 0
      k = 0;
      p1 = p;
end
delta = - 0.8 * pi^2;
if p * p1<delta            % 检测跳跃点
    if p<0
      k = k + 1;
    else
        k = k - 1;
    end
end
p1 = p;
alfa = p + 2 * pi * k;     % 计算角度
v = norm(z);
sys(1) = v;               % 输出速度控制量
sys(2) = alfa;            % 输出虚拟控制量
% 控制程序结束
```

（3）转速控制程序 step_control_w

```
function [sys,x0,str,ts] = controller2(t,x,u,flag)
switch flag,
    case 0,
    [sys,x0,str,ts] = mdlInitializeSizes;
case 3,
    sys = mdlOutputs(t,x,u);
case {1,2,4,9}
    sys = [];
    otherwise
    error(['Unhandled flag = ',num2str(flag)]);
end
```

```
function [sys,x0,str,ts] = mdlInitializeSizes
sizes = simsizes;
sizes.NumOutputs     = 1;
sizes.NumInputs      = 2;
sizes.DirFeedthrough = 1;
sizes.NumSampleTimes = 1;
sys = simsizes(sizes);
x0  = [];
str = [];
ts  = [0 0];
function sys = mdlOutputs(t,x,u)
c3 = 10;
e = u(1);
dalfa = u(2);
w = dalfa + c3 * e;          % 转速控制量
sys = w;                     % 输出转速
% 程序结束
```

（4）运动模型程序 step_system

```
function [sys,x0,str,ts] = robot(t,x,u,flag)
switch flag,
  case 0,
    [sys,x0,str,ts] = mdlInitializeSizes;
  case 1,
    sys = mdlDerivatives(t,x,u);
  case 3,
    sys = mdlOutputs(t,x,u);
  case {2,4,9}
    sys = [];
otherwise
    error(['Unhandled flag = ',num2str(flag)]);
end
function [sys,x0,str,ts] = mdlInitializeSizes
sizes = simsizes;
sizes.NumContStates   = 3;
sizes.NumDiscStates   = 0;
sizes.NumOutputs      = 3;
sizes.NumInputs       = 2;
sizes.DirFeedthrough = 0;
sizes.NumSampleTimes = 1;
```

```
sys = simsizes(sizes);
x0   = [1 1 0];
str = [];
ts   = [0 0];
function sys = mdlDerivatives(t,x,u)
v = u(1);
w = u(2);
dx1 = v * cos(x(3));            % 运动学模型
dx2 = v * sin(x(3));
dx3 = w;
sys = [dx1,dx2,dx3];
function sys = mdlOutputs(t,x,u)
sys = x;                        % 输出位置和方位角度
% 程序结束
```

（5）仿真结果曲线

　　设置仿真时间为 20 s，设置跟踪轨迹是半径为 10 的圆，XYGraph2 显示移动机器人的轨迹跟踪曲线如图 7-21 所示，移动机器人从初始原点很快进入圆轨道跟踪期望轨迹。Scope 为查看速度控制量信号，如图 7-22 所示，可以看出移动机器人初始快速运动，在 1 s 内稳定下来保持匀速运动。Scope1 为查看虚拟角控制量信号，如图 7-23 所示，可以看出虚拟角度值逐渐变大，即使超过 2π 也没有出现跳变现象。

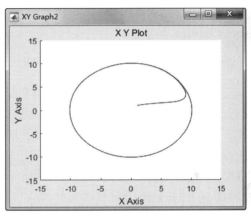

图 7-21　轨迹跟踪曲线

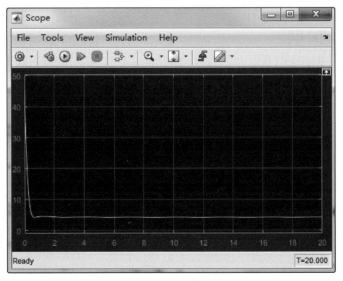

图 7-22　速度控制量

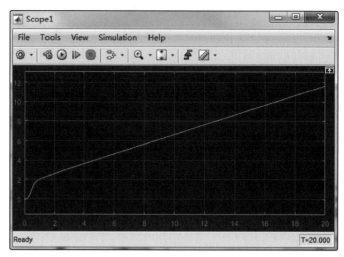

图 7-23　虚拟角控制量

7.3　本章小结

通过本章对移动机器人控制仿真的介绍,可掌握 PID 原理和仿真方法,同时针对移动机器人的点位控制、位姿控制和直线控制进行了实例仿真,包括反馈系数的确定和控制律的设计。除此之外,还介绍了反步法控制的基本原理,以及控制律的求解,最后应用 MAT-LAB 软件对移动机器人的圆轨迹跟踪问题进行了控制仿真,通过在 S 函数中编程解决了角度跳变的问题。仿真测量出的运动曲线展示出设计的控制器可以使移动机器人具有较好品质的圆轨迹跟踪性能,移动机器人的 MATLAB 控制仿真结果能够用于指导实际的移动机器人控制器设计。

7.4　思考练习题

1. 试用 MATLAB 软件进行移动机器人三角函数曲线跟踪控制仿真。
2. 以移动机器人的轮子转速作为控制输入进行点定位控制。
3. 角度跳变问题是否还有其他解决办法?

第8章　臂式机器人控制仿真

臂式机器人的运动控制相对轮式移动机器人要复杂,主要因为机械臂是一个多自由度的系统,动力学方程具有明显的非线性特征,关节运动相互耦合,所以在设计机械臂控制器之前进行控制仿真是十分必要的。机械臂控制方式有很多种,本章首先对臂式机器人的控制方式进行简单概括,采用 PID 方法对臂式机器人的单关节运动进行控制仿真,然后阐述滑模变结构控制原理,给出机械臂滑模控制仿真的实例。

8.1　机械臂 PID 控制仿真

8.1.1　机械臂控制方法

1. 轨迹规划

机械臂的控制方式根据不同分类标准有不同的分类方法,按照机械臂末端运动要求严格程度,针对工作任务需要可分为点位控制和连续控制,其中点位控制方式只要求机械臂末端运动的起始位姿和终止位姿符合任务要求,中间经过的路径不重要,如机械臂从一个位置搬运物体到指定的另一位置。而连续控制要求较为严格,需要整个运动路径上机械臂末端位姿都需要满足任务需求,如图 8-1 机械臂在沿着圆弧路径焊接零件。连续轨迹甚至还有时间要求,即在规定时刻以要求的姿态到达或经过路径上的点。

对机械臂进行控制之前需要进行轨迹规划,根据任务需求确定机械臂末端在工作空间的运动,然后根据机械臂的运动学方程建立工作空间和关节空间的映射关系,将工作空间的运动映射到关节空间,进行关节空间的电动机驱动控制,这是工业上臂式机器人最常用的一种控制方式。目前机械臂的轨迹规划方法,主要分为关节空间轨迹规划和笛卡儿空间轨迹规划,前者适合点位控制方式,后者适合连续轨迹控制

图 8-1　沿着圆弧路径焊接

方式。关节空间规划首先确定关节角度起始角度和终止角度,然后利用约束条件,对中间关节角度进行高次多项式插值,一般采用多项式函数,插值多项式的次数高,机械臂运动就相

对平滑,运动过程较平稳。要求机械臂末端按照预定轨迹移动,如直线轨迹和圆弧轨迹,主要采用笛卡儿轨迹规划,与关节空间轨迹规划不同,需要先在机械臂末端预期的轨迹上计算出速度或插入中间点,然后通过逆运动学计算得出相关节空间角度值。关节空间轨迹规划简单,不存在运动奇异,而笛卡儿空间轨迹规划运算复杂,但是可以实现机械臂末端按照预定轨迹运动。

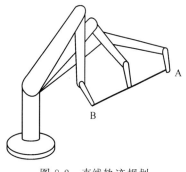

图 8-2　直线轨迹规划

机械臂末端最常见的轨迹为直线和圆弧,而其他一般曲线轨迹也可通过直线和圆弧组合实现。如图 8-2 所示直线轨迹规划,对于直线轨迹通常指定直线轨迹的起点和终点坐标,设起点为 A(x_a,y_a,z_a) 和终点 B 为 (x_b, y_b, z_b),则直线轨迹的参数方程可表示为

$$\begin{cases} x = x_a + (x_b - x_a)\lambda \\ y = y_a + (y_b - y_a)\lambda \quad (0 \leqslant \lambda \leqslant 1) \\ z = z_a + (z_b - z_a)\lambda \end{cases}$$

将速度带入进一步展开,得到关于参数 λ 的表达式如下:

$$\lambda = \frac{v(t)t}{\sqrt{(x_a - x_b)^2 + (y_a - y_b)^2 + (z_a - z_b)^2}}$$

得到机械臂末端运动速度函数后,通过速度雅克比矩阵将其映射到关节空间,得到关节角的速度函数;同时将直线轨迹的起点和终点通过齐次变换方程也映射到关节空间,得到机械臂关节运动的起始角度和终止角度,进而通过关节空间的角度控制实现机械臂末端的直线轨迹运动。

圆弧轨迹插补的实现与直线问题相似,但圆弧轨迹的空间方程较为复杂,具体可分解为以下几个步骤:

(1) 根据已知圆弧的两个端点和圆心点建立出圆弧所在平面上的圆弧坐标系;

(2) 求取圆弧坐标系与机器人基坐标系之间的齐次变换矩阵;

(3) 在圆弧坐标系下根据圆方程求取机械臂末端插值点的坐标;

(4) 将圆弧坐标系下插值点的坐标变换到机器人基坐标系下表达;

(5) 机器人基坐标系下表达的插值点映射到机械臂关节空间的角度值序列;

(6) 控制机械臂电动机按照角度值序列控制机械臂关节转动;

(7) 最终实现机械臂末端按照圆弧轨迹运动。

当控制机械臂关节运动时,其控制性能受机械臂动力学影响,而机械臂的动力学方程较为复杂,根据第 3 章给出的机械臂动力学方程可知,惯性矩阵中包含各关节的角度变量,并不是对角矩阵,变量间相互干涉。带有动力学特性的机器人系统是一个非线性的、由多个关节变量组成的多变量系统,某一个关节运动都会受到其他关节运动影响,同时动力学参数随着关节位置的变化而变化,因此实现机械臂的良好控制并不是一件容易的事情。

2. 控制方案

目前臂式机器人最简单的控制方法是采用单关节 PID 控制,即忽略关节臂惯性耦合的影响。臂式机器人的关节处通常装有 RV 减速器和谐波减速器,减速器的使用可以放大电动机的转动惯量 I 和黏性阻尼 B,当电动机减速器传动比 n 很大时,机器人动力学方程中与加速度有关的惯性矩阵和与速度项有关的黏性矩阵具有对角化趋势,对角线上的数值变化为 n 的平方倍,非对角线上的数值影响相对变小,忽略掉重力影响和其他数值小的耦合影响,可将机器人的动力学方程简化为如下形式:

$$\begin{pmatrix} \tau_1 \\ \vdots \\ \tau_n \end{pmatrix} = \begin{pmatrix} n_1^2 I_1 & & \\ & \ddots & \\ & & n_n^2 I_n \end{pmatrix} \begin{pmatrix} \ddot{\theta}_1 \\ \vdots \\ \ddot{\theta}_n \end{pmatrix} + \begin{pmatrix} n_1^2 B_1 & & \\ & \ddots & \\ & & n_n^2 B_n \end{pmatrix} \begin{pmatrix} \dot{\theta}_1 \\ \vdots \\ \dot{\theta}_n \end{pmatrix}$$

带有减速器的工业机器人采用简化的动力学方程形式,在进行动力学分析时,忽略各轴之间干涉,机器人参数与机器人位姿无关,但是实际上机械臂关节间的耦合仍然存在,因此在各轴独立控制中采用 PID 控制中,将模型简化的误差视作外部干扰,设置较大的 PID 反馈系数来保证系统稳定可控。因此,采用大减速比的关节驱动使 PID 反馈控制的误差消除,使得单关节 PID 控制方法简单有效,在臂式机器人中广泛应用。

如图 8-3 所示为机器人单关节模型,图中符号 J_1 为一个关节的驱动电动机转动惯量;J_2 为负载的转动惯量;B_1 为电动机端的阻尼系数;B_2 为负载端阻尼系数;θ_1 为电动机端角位移;θ_2 为负载端角位移;z_1 为电动机轴上齿轮齿数;z_2 为负载轴上的齿轮齿数;u 为电枢电压;v 为励磁电压;R 为电枢电阻;L 为电枢电感;i 为电枢绕组电流;τ_1 电动机输出转矩;τ_2 为通过减速器向负载传递的扭矩。

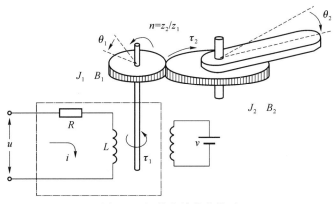

图 8-3　机器人单关节模型

电动机轴的转矩平衡方程为

$$\tau_1(t) = J_1 \frac{\mathrm{d}^2 \theta_1(t)}{\mathrm{d}t^2} + B_1 \frac{\mathrm{d}\theta_1(t)}{\mathrm{d}t} + \tau_2(t)$$

负载轴的转矩平衡方程为

$$n\tau_2(t) = J_2 \frac{\mathrm{d}^2 \theta_2(t)}{\mathrm{d}t^2} + B_2 \frac{\mathrm{d}\theta_2(t)}{\mathrm{d}t}$$

电枢绕组电压平衡方程为

$$L \frac{\mathrm{d}i(t)}{\mathrm{d}t} + Ri(t) + k_\mathrm{b} \frac{\mathrm{d}\theta_1(t)}{\mathrm{d}t} = u(t)$$

k_t 为电动机转矩常数,机械和电气相互耦合方程为

$$\tau_1(t) = k_\mathrm{t} i(t)$$

转角关系为

$$\theta_1(t) = n\theta_2(t)$$

减速比为

$$n = z_2/z_1$$

忽略电感 L,得到系统微分方程为

$$J\frac{\mathrm{d}^2\theta(t)}{\mathrm{d}t^2} + B\frac{\mathrm{d}\theta(t)}{\mathrm{d}t} = k_\mathrm{m}u(t)$$

式中,$\theta(t) = \theta_2(t)$;$B = (n^2 B_1 + B_2) + n^2 k_\mathrm{t}k_\mathrm{b}/R$;$J = (n^2 J_1 + J_2)$;$k_\mathrm{m} = nk_\mathrm{t}/R$。

上式为电动机输入电压与关节转角之间的关系方程,经过拉普拉斯变换可进一步得到机械臂单关节传递函数为

$$\frac{\Theta(s)}{U(s)} = \frac{k_\mathrm{m}}{Js^2 + Bs}$$

若采用角度和速度反馈的 PD 控制可得到控制框图如图 8-4 所示,系统的传递函数变为

$$\frac{\Theta(s)}{\Theta_\mathrm{d}(s)} = \frac{\dfrac{K_\mathrm{P}K_\mathrm{m}}{J}}{s^2 + \dfrac{(B + K_\mathrm{v}K_\mathrm{m})}{J}s + \dfrac{K_\mathrm{P}K_\mathrm{m}}{J}}$$

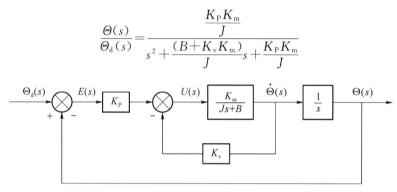

图 8-4　控制框图

从上式可以看出通过设置反馈系数 K_p 和 K_v 可以使闭环系统呈现出期望的二阶系统特性,实现机械臂单关节系统稳定可控。

若重新考虑重力的影响,可以计算出重力 $G(q)$ 加入电动机力矩输入的前端进行补偿,基于独立但关节控制的机械臂伺服系统框架如图 8-5 所示,其中输入期望变量 q_dn 为每个关节角度值。

若考虑关节间的耦合影响和关节摩擦影响,机械臂的动力学模型可表示为如下形式:

$$\tau = M(\theta)\ddot{\theta} + V(\theta,\dot{\theta}) + G(\theta) + F(\theta,\dot{\theta})$$

上式动力学方程最后一项是摩擦力项,这种复杂控制问题可采用控制率分解的方法实现,这时有

$$\tau = \alpha\tau' + \beta$$

式中,τ 为电动机转矩矢量,选择

$$\alpha = M(\theta)$$
$$\beta = V(\theta,\dot{\theta}) + G(\theta) + F(\theta,\dot{\theta})$$

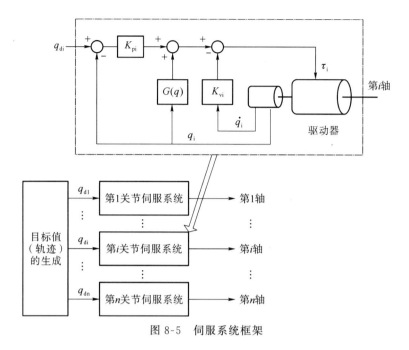

图 8-5　伺服系统框架

以及伺服控制率

$$\tau' = \ddot{\theta}_d + K_v \dot{E} + K_p E$$

式中，$E = \theta_d - \theta$。

因此很容易得到闭环系统独立形式的误差方程：

$$\ddot{e} + k_v \dot{e} + k_p e = 0$$

为了消除常值干扰产生的稳态误差，在误差方程中加入积分项，形成完整的线性化解耦的 PID 控制，其整体框图如图 8-6 所示。

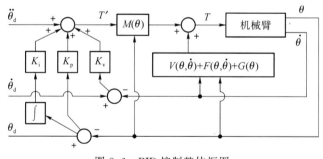

图 8-6　PID 控制整体框图

8.1.2　控制仿真实例

1. 控制律设计

首先介绍一种机械臂独立 PD 控制的方法，并给出稳定性证明，当忽略重力和外加干扰时，采用独立的 PD 控制，能满足机器人定位控制的要求。

设 n 自由度关节机械臂方程为

$$D(q)\ddot{q} + C(q,\dot{q})\dot{q} = \tau$$

式中，$D(q)$ 为 $n \times n$ 阶正定惯性矩阵，$C(q,\dot{q})$ 为 $n \times n$ 阶离心力和哥氏力项。

独立的 PD 控制率为

$$\tau = k_d \dot{e} + k_p e$$

取跟踪误差为 $e = q_d - q$，采用定点控制时，q_d 为常值，则 $\dot{q}_d = \ddot{q}_d \equiv 0$。

此时，机器臂的方程为

$$D(q)(\ddot{q}_d - \ddot{q}) + C(q,\dot{q})(\dot{q}_d - \dot{q}) + k_d\dot{e} + k_p e = 0$$

移项得

$$D(q)(\ddot{q}_d - \ddot{q}) + C(q,\dot{q})(\dot{q}_d - \dot{q}) + k_p e = -k_d\dot{e}$$

取 Lyapunuov 函数为

$$V = \frac{1}{2}\dot{e}^T D(q)\dot{e} + \frac{1}{2}e^T k_p e$$

由 $D(q)$ 和 k_p 的正定性可得出，V 是全局正定的，则

$$\dot{V} = \dot{e}^T D(q)\ddot{e} + \frac{1}{2}\dot{e}^T \dot{D}\dot{e} + \dot{e}^T k_p e$$

利用 $\dot{D} - 2C$ 的斜对称性（反对称矩阵）知 $\dot{e}^T \dot{D}\dot{e} = 2\dot{e}^T C\dot{e}$，则

$$\begin{aligned}
\dot{V} &= \dot{e}^T D(q)\ddot{e} + \dot{e}^T C\dot{e} + \dot{e}^T k_p e \\
&= \dot{e}^T(D(q)\ddot{e} + C\dot{e} + k_p e) \\
&= -\dot{e}^T k_d e \\
&\leqslant 0
\end{aligned}$$

由于 $\dot{V}$ 是半负定的，且 k_d 为正定的。则当 $\dot{V} \equiv 0$ 时，有 $\dot{e} \equiv 0$，从而 $\ddot{e} \equiv 0$。结合机器臂方程有 $k_p e = 0$，即 $e = 0$。由 LaSall 定理知（当满足一定条件时，t 趋于无穷大，e 趋近于使 $\dot{V}$ 等于 0 的点，本例中即 e 趋近于 0），$(\dot{e}, e) = (0,0)$ 是受控机械臂的全局渐进稳定点，即从任意初始条件 $(q_0, \dot{q}_0)$ 出发，均有 $(q, \dot{q}) \rightarrow (q_d, 0)$。

2. 仿真与结果

在文献[10]中模型基础上，对二关节机械臂（忽略重力）进行 PD 控制，设置不同参数应用 MATLAB 仿真并对比分析结果，模型参数设置如下：

$$D(q) = \begin{pmatrix} p_1 + p_2 + 2p_3\cos(q_2) & p_2 + p_3\cos(q_2) \\ p_2 + p_3\cos(q_2) & p_2 \end{pmatrix}$$

$$C(q,\dot{q}) = \begin{pmatrix} -p_3\dot{q}_2\sin(q_2) & -p_3(\dot{q}_1 + \dot{q}_2)\sin(q_2) \\ p_3\dot{q}_1\cos(q_2) & p_2 \end{pmatrix}$$

取 $p = [2.90 \quad 0.76 \quad 0.87 \quad 3.04 \quad 0.87]$，关节角度位置指令分别为 $q_{1d} = 1, q_{2d} = 1$，取 $k_p = [5,5], k_d = [5,5]$，系统的初始状态为 $[q_1 \; \dot{q}_1 \; q_2 \; \dot{q}_2] = [0 \; 0 \; 0 \; 0]$，采用前面所给出的 PID 控制律进行定位控制。

（1）Simulink 仿真模型 PID1 如图 8-7 所示，左边两个 Step 信号源是两个关节的角度位置期望信号，S-Function 与命名为 PID_control 的 PID 控制函数程序 M 文件相关联，S-Function1 与命名为 PID_manipulator 机械臂模型函数程序 M 文件相关联，Position 为输

出到工作空间的第 1 关节期望角度和实际角度信号，Position1 为输出到工作空间的第 2 关节实际角度和期望角度信号，Position2 为输出到工作空间的控制信号，Position3 为输出到工作空间的两个关节实际角速度信号，To Workspace 为输出到工作空间的时间信号，输出到工作空间的变量用于绘制结果曲线。

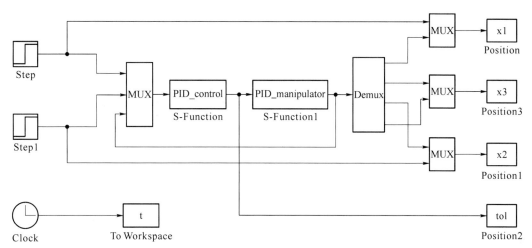

图 8-7　PID 仿真模型

（2）PID 控制器程序 PID_control

```
%定义 S 函数和初始化
function [sys,x0,str,ts] = spacemodel(t,x,u,flag)
switch flag,
case 0,
    [sys,x0,str,ts] = mdlInitializeSizes;
case 3,
    sys = mdlOutputs(t,x,u);
case {2,4,9}
    sys = [];
otherwise
    error(['Unhandled flag = ',num2str(flag)]);
end
function [sys,x0,str,ts] = mdlInitializeSizes
sizes = simsizes;
sizes.NumOutputs = 2;
sizes.NumInputs = 6;
sizes.DirFeedthrough = 1;
sizes.NumSampleTimes = 1;
sys = simsizes(sizes);
x0 = [];
str = [];
```

```
ts = [0 0];
function sys = mdlOutputs(t,x,u)
%赋值
R1 = u(1);dr1 = 0;R2 = u(2);dr2 = 0;
x(1) = u(3);x(2) = u(4);x(3) = u(5);x(4) = u(6);
%求取误差
e1 = R1 − x(1);e2 = R2 − x(3);e = [e1;e2];
de1 = dr1 − x(2);de2 = dr2 − x(4);de = [de1;de2];
%反馈系数
Kp = [5 0;0 5];Kd = [5 0;0 5];
%控制量
tol = Kp * e + Kd * de;
%定义输出
sys(1) = tol(1);sys(2) = tol(2);
%控制程序结束
```

(3) 机械臂模型程序 PID_manipulator

```
%定义 S 函数和初始化
function [sys,x0,str,ts] = s_function(t,x,u,flag)
switch flag,
  case 0,
     [sys,x0,str,ts] = mdlInitializeSizes;
case 1,
     sys = mdlDerivatives(t,x,u);
  case 3,
     sys = mdlOutputs(t,x,u);
  case {2, 4, 9 }
     sys = [];
  otherwise
     error(['Unhandled flag = ',num2str(flag)]);
end
function [sys,x0,str,ts] = mdlInitializeSizes
sizes = simsizes;
sizes.NumContStates = 4;
sizes.NumDiscStates = 0;
sizes.NumOutputs = 4;
sizes.NumInputs = 2;
sizes.DirFeedthrough = 0;
sizes.NumSampleTimes = 0;
sys = simsizes(sizes);
x0 = [0 0 0 0];
```

```
str = [];
ts = [];
function sys = mdlDerivatives(t,x,u)
%机械臂模型
p = [2.9 0.76 0.87 3.04 0.87];
D0 = [p(1) + p(2) + 2 * p(3) * cos(x(3)) p(2) + p(3) * cos(x(3));
     p(2) + p(3) * cos(x(3)) p(2)];
C0 = [- p(3) * x(4) * sin(x(3)) - p(3) * (x(2) + x(4)) * sin(x(3));
     p(3) * x(2) * sin(x(3))  0];
tol = u(1:2);dq = [x(2);x(4)];S = inv(D0) * (tol - C0 * dq);
%状态空间表达
sys(1) = x(2);sys(2) = S(1);sys(3) = x(4);sys(4) = S(2);
%定义输出
function sys = mdlOutputs(t,x,u)
sys(1) = x(1);sys(2) = x(2);sys(3) = x(3);sys(4) = x(4);
%程序结束
```

（4）仿真结果曲线

当取 $k_p = [5,5]$,$k_d = [5,5]$,PD 控制机械臂角度输出结果如图 8-8 所示,角速度输出结果如图 8-9 所示,控制量输出结果曲线如图 8-10 所示,可以得出控制方法能够实现机械臂定位控制,但是有一定超调且响应较慢。

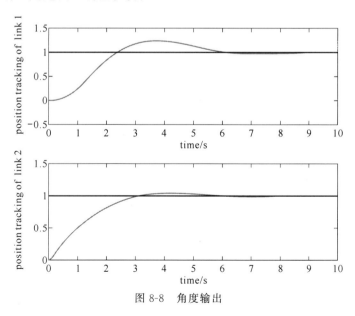

图 8-8　角度输出

当取 $k_p = [50,50]$,$k_d = [50,50]$,PD 控制机械臂角度输出结果如图 8-11 所示,角速度输出结果如图 8-12 所示,控制量输出结果曲线如图 8-13 所示,可以得出控制方法能够较好实现机械臂定位控制,没有超调且响应较快,但是控制量较大。

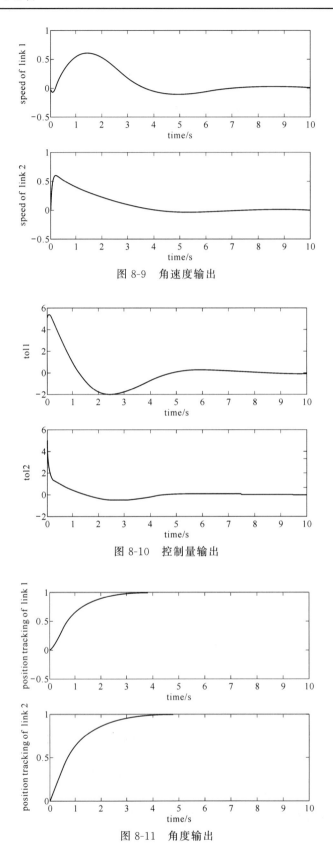

图 8-9　角速度输出

图 8-10　控制量输出

图 8-11　角度输出

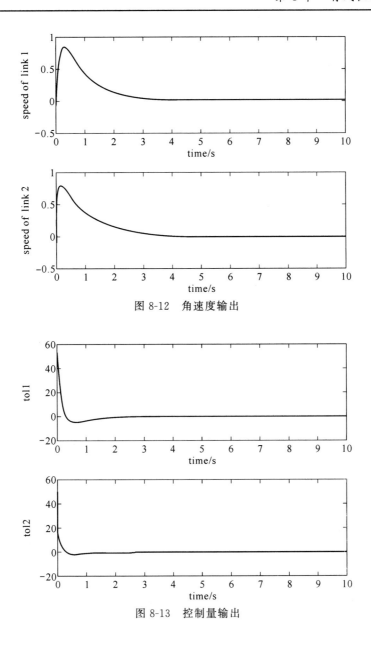

图 8-12　角速度输出

图 8-13　控制量输出

8.2　机械臂滑模控制仿真

与 PID 控制方法不同,变结构控制(Variable Structure Control,VSC)本质上是一类特殊的非线性控制策略,表现为控制不连续,系统"结构"不固定,可根据当前状态有目的有变化,迫使系统按照预定"滑动模态"的状态轨迹运动,所以变结构控制又称为滑动模态控制(Sliding Mode Control),简称滑模控制。滑模控制理论在 19 世纪 50 年代末由苏联学者开始研究,用于解决二阶系统的控制问题,由于它的滑动模态的特殊设计与控制对象参数和扰动无关,使得变结构控制具有快速响应、对参数变化及扰动不灵敏、无须系统在线辨识和物理实现简单等优点,被广大学者们关注。自提出以来发展到至今,已经形成了完整的理论体系,目前已经被广泛用于解决一些复杂工程的控制问题。

8.2.1 滑模控制方法

1. 基本原理

滑模变结构控制策略能够使系统在一定特性下沿规定的状态轨迹作小幅度、高频率的上下运动,这种处于滑动运动的系统具有很好的鲁棒性。滑模控制过程主要包括到达阶段和滑模阶段,在到达阶段中系统状态由任何初始状态驱动,在有限时间内到达预期滑动模式,需要选择滑模面 $s(x)$,常见的候选对象是线性超平面。在滑模阶段中系统状态在滑模面上运动,系统的运动轨迹保持在滑模面上,需要设计不连续控制 $u(x)$,形成不连续控制策略,保证滑动模式在有限时间内可达。

对于任意非线性系统,可以表示为

$$x = f(x, u, t) \quad x \in R_n, u \in R_m, t \in R$$

根据系统设计滑模面函数或切换函数:

$$s(x) = s(x_1, x_2, \cdots, x_n)$$

存在一个超曲面 $s(x) = 0$ 称为切换面,它将状态空间分为 $s > 0$ 和 $s < 0$ 两部分,如图 8-14 所示,切换面上的点可分为三种类型,分别为:A(通常点)、B(起始点)和 C(终止点),其中 C 点对滑模运动有特殊的意义,表示运动点到达切换面附近时,从切换面的两边趋向于该点,一旦运动点趋近于切换面上的某一区域时,就被"吸引"在该区域运动,即滑动模态运动。

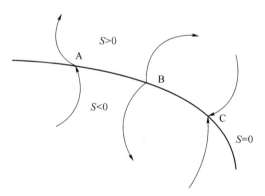

图 8-14　切换面

滑模阶段的滑动模态存在是滑模控制应用的前提条件,到达阶段的目标是保证系统状态在任意位置,控制策略迫使它们接近并到达滑模面,即它们的轨迹在滑动模态区,系统只有满足这两个条件,才能启动滑模控制。滑动模态的存在用下面式子表示:

$$\begin{cases} \lim\limits_{s \to 0^+} \dot{s} \leqslant 0 \\ \lim\limits_{s \to 0^-} \dot{s} \geqslant 0 \end{cases}$$

在 $s=0$ 的邻域内,系统状态在有限时间内到达切换面,也可等效表示为

$$s\dot{s} \leqslant 0$$

由于系统状态可以在滑模面任意远处,为了避免系统状态渐进趋近可表示为

$$s\dot{s} \leqslant -\delta$$

式中 δ 大于零,可以是无穷小,可将其表示为 Lyapunov 函数型的到达条件如下所示:

$$\begin{cases} \dot{V}(x) < 0 \\ V(x) = \dfrac{1}{2}s^2 \end{cases}$$

滑模控制要先确定好切换函数 $s(x)$,然后再求控制函数:

$$u = \begin{cases} u^+(x) & s(x) > 0 \\ u^-(x) & s(x) > 0 \end{cases}$$

使其满足如下要求:

(1) 滑动模态存在,即上式成立。

(2) 满足可达性条件,切换面 $s(x)=0$ 以外的运动点在有限时间内达到切换面。

(3) 保证滑模运动的稳定性。

满足上面三点要求的控制称为滑模控制。

控制函数常见的三种形式如下所示。

1)常值切换控制

$$u = u_0 \operatorname{sgn}(s(x))$$

式中 u_0 为常数,$\operatorname{sgn}(\ )$ 为符号函数,具体含义如下:

$$\operatorname{sgn}(x) = \begin{cases} 1 & x > 0 \\ 0 & x = 0 \\ -1 & x < 0 \end{cases}$$

2)基于等效控制的切换控制

$$u = u_{\mathrm{eq}} + u_0 \operatorname{sgn}(s(x))$$

式中,u_{eq} 为与系统有关的等效控制量。

3)比例切换控制

$$u = \sum_{i=1}^{n} k_i |x_i| \operatorname{sgn}(s(x))$$

式中,控制器输出与系统状态成比例变化。

滑模控制实际上就是采用某一滑模面作为参考路径,迫使被控系统的运动轨迹朝着期望的平衡点运动,通过控制策略使其满足存在、到达、稳定三个基本条件。在理想情况下,系统通过滑模方法控制,其控制性能不受外部干扰和系统变化的参数影响,能够表现出精确跟踪,极快动态响应和零调节误差等。在理论意义上,滑动模态是按需设计的,且鲁棒性比一般的连续系统要好得多。然而,完美的滑模控制是不存在的,滑模变结构控制也存在不足,在实际中滑模运动会因为系统时延、死区等原因的影响而偏离预期的轨迹,系统状态在预期轨迹上来回穿越,从而产生抖振现象,这对很多系统尤其是要求精确度很高的系统都是不利的,它不仅会影响系统控制的精确性、增加系统成本,还会破坏系统的稳定性。抖振是滑模控制在实际应用中的突出障碍,因此,如何削弱它是研究滑模控制首要考虑的问题。

产生抖振的因素主要有：

（1）时间滞后开关，使系统的状态被延迟，表现为在光滑的滑动面上叠加了一个衰减的三角波。

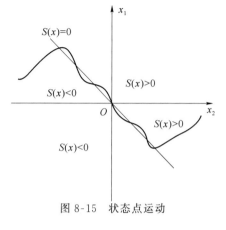

（2）空间滞后开关，使系统状态空间存在"死区"，其结果是在光滑的滑动面上叠加了一个等幅波形。

（3）系统能量有限，控制力不能无限大，并且受到系统惯性的影响，使系统的切换控制产生滞后。

（4）离散系统本身造成的抖振，滑动模态的切换动作不是正好发生在切换面上，与采样周期有关。

如图 8-15 所示这些因素使系统状态点运动到滑模面时，由于惯性的作用其速度不为零，而使运动点来回穿越滑模面从而产生抖振，本质上抖振产生的根本原因是滑模控制的不连续开关特性。

图 8-15　状态点运动

2. 设计方法

滑动模态的存在和到达条件是应用滑模控制的前提条件，是保证系统任意位置的状态在控制策略下被迫运动到滑模面，并沿着滑模面向平衡点运动。在趋近运动阶段，希望设计的控制器可以使系统具有较大的速度快速地向滑模面运动；而在滑动模态阶段，则不希望系统有很大的速度，因为若系统具有较大的速度时，由于惯性系统状态在到达滑模面时不会严格的沿着滑模面运动，而是会来回的穿越滑模面，这样会使系统产生抖振。我国学者高为炳首次提出了趋近律的概念并用它来抑制系统的抖振，在保证系统动态品质的前提下设计滑模趋近律，在趋近阶段如何提高系统的趋近速度和在滑动模态阶段如何使系统的速度趋近于零。常见的趋近律主要有以下几种。

1）等速趋近律

$$\dot{s} = -\varepsilon \mathrm{sgn}(s) \quad \varepsilon > 0$$

假设 s_0 是 $t=0$ 时切换面的值，系统从初始状态在等速趋近律作用下到达滑模面的时间为 $t = s_0/\varepsilon$，由所得的时间可以看出系统达到滑模面的时间 t 和 ε 成反比关系，还可以看出随着 ε 增大，虽然系统达到滑模面的速度增大了，但是系统的抖振也跟着增大了，为了抑制抖振，ε 的值不宜选的过大。

2）指数趋近律

$$\dot{s} = -\varepsilon \mathrm{sgn}(s) - ks \quad \varepsilon > 0, k > 0$$

在等速趋近律的基础上增加指数趋近项 $\dot{s} = -ks$，其解为 $s = s_0 e^{-ks}$，当 s 的值比较大时，系统趋向滑模面的速度越大。在此过程中，系统的速度是随着时间渐进减小到 0，这样系统的稳定时间将增加，不能在有限时间到达，所以将等速趋近律引入到指数趋近律中，这样趋近速度最小为 ε，其中 k 值越大系统达到滑模面的时间越短，且系统的抖振随着 ε 值的减小而减小。

3）幂次趋近律

$$\dot{s} = -k \, |s|^{\alpha} \mathrm{sgn}(s) \quad k > 0, 1 > \alpha > 0$$

通过调整 α 的值，可保证当系统状态远离滑动模态时，能以较大的速度趋近于滑动模态，当系统状态趋近滑动模态时，保证较小的控制增益来降低抖振。

4）一般趋近律

$$\dot{s} = \varepsilon\,\mathrm{sgn}(s) - f(s) \quad \varepsilon > 0$$

式中，$f(0)=0$，当 $s \neq 0$ 时，$f(s) > 0$，通过设定不同的 $f(s)$，可以分别得到不同的趋近律，趋近律满足到达条件 $s\dot{s} < 0$。

积分滑模控制除了具有传统滑模控制的优点之外，还具有抑制干扰，减小稳态误差和削弱或消除抖振的优点，因此在工程中有着广泛的应用，对于含有外部扰动的系统，其状态方程可表示为

$$\dot{x} = Ax + Bu + d(x,t)$$

式中，$d(x,t)$ 为系统的不确定干扰项，设 e 为系统的状态误差并将它定义为滑模控制器的状态变量：

$$e = x_\mathrm{d} - x$$

式中，x_d 为系统期望状态，利用系统状态误差将滑模面设计 PI 型积分滑模面为

$$s = k_\mathrm{p} e + k_\mathrm{i} \int_{-\infty}^{t} e(\tau)\,\mathrm{d}\tau$$

式中，$k_\mathrm{p} > 0$ 是比例系数，$k_\mathrm{i} > 0$ 是积分系数，比例项和积分项分别用于提高系统的动态响应和消除系统的稳态误差。

初始状态下的积分项为

$$\int_{-\infty}^{0} e(\tau)\,\mathrm{d}\tau = -\frac{k_\mathrm{p}}{k_\mathrm{i}} e_0$$

式中，e_0 为初始时刻误差，则在初始时刻滑模面为

$$s = k_\mathrm{p} e_0 + k_\mathrm{i} \int_{-\infty}^{0} e(\tau)\,\mathrm{d}\tau$$

$$= k_\mathrm{p} e_0 - \frac{k_\mathrm{p}}{k_\mathrm{i}} e_0$$

因此，可以通过合理的设计积分项的初始值，在初始时刻使系统状态从滑模面上开始运动，消除了趋近运动阶段，从而保证了系统的鲁棒性，积分滑模设计方法简单，而且对系统的结构形式没有特殊的要求。

对于消除滑模控制方法的抖振问题除了设计趋近律和引入积分项外，还有许多学者研究了其他方法，为滑模控制理论的发展和工程应用做出了贡献。

（1）动态滑模方法。滑模控制的切换函数与控制输入无关，它只依赖于系统的状态，因此，在滑模控制器的设计中，切换函数的不连续项将会直接转移到其中，从而影响系统性能。动态滑模方法将切换函数进行微分，使系统的不连续项在时间上连续化，从而有效地降低抖振。

（2）模糊滑模方法。模糊控制的设计主要依赖于设计者对系统的理解，是一种基于启发式推理的专家知识自动控制方法，无须知道系统精确的数学模型，也无须复杂的计算。可通过模糊方法自适应调节参数，有效地降低系统抖振。

（3）神经网络滑模方法。神经网络具有很强的自学习能力，对非线性系统有较高的映射功能，将它和滑模控制相结合，利用神经网络的万能逼近特性逼近外界干扰并加以补偿，或逼近滑模控制器切换部分，将不连续信号连续化，不仅可以实现滑模自适应控制，还可以降低系统的抖振。

下面以等速趋近律为例来设计一个滑模控制器,假设控制系统数学方程为

$$\ddot{\theta}(t) = -f(\theta(t)) + \mathrm{bu}(t)$$

式中,$f(\ )$为已知函数,b为已知大于 0 的正数。

设滑模函数为

$$s(t) = ce(t) + \dot{e}(t)$$

式中,$c>0$,选取原则满足 Hurwitz 稳定条件。

设置 θ_d 为期望角度,则跟踪角度误差为

$$\begin{cases} e(t) = \theta_d(t) - \theta(t) \\ \dot{e}(t) = \dot{\theta}_d(t) - \dot{\theta}(t) \end{cases}$$

将系统方程带入得

$$\begin{aligned} \dot{s}(t) &= c\dot{e}(t) + \ddot{e}(t) \\ &= c(\dot{\theta}_d(t) - \dot{\theta}(t)) + (\ddot{\theta}_d(t) - \ddot{\theta}(t)) \\ &= c(\dot{\theta}_d(t) - \dot{\theta}(t)) + (\ddot{\theta}_d(t) + f(\theta(t)) - \mathrm{bu}(t)) \end{aligned}$$

采用等速趋近律公式,即

$$\dot{s} = -\varepsilon \mathrm{sgn}(s) \quad \varepsilon > 0$$

可得如下等式:

$$-\varepsilon \mathrm{sgn}(s) = c(\dot{\theta}_d(t) - \dot{\theta}(t)) + (\ddot{\theta}_d(t) + f(\theta(t)) - \mathrm{bu}(t))$$

最后可以求解出基于等式趋近律的滑模控制器为

$$u(t) = \frac{c\dot{\theta}_d(t) - c\dot{\theta}(t) + \ddot{\theta}_d(t) + f(\theta(t)) + \varepsilon \mathrm{sgn}(s)}{b}$$

8.2.2 控制仿真实例

1. 滑模控制律

基于名义模型的机械臂滑模控制方法,采用指数趋近律设计实现,其两自由度机械臂的模型定义为

$$M(q)\ddot{q} + H(q, \dot{q}) = \tau$$

式中,$M(q)$为 2×2 正定质量惯性矩阵,$H(q, \dot{q})$为哥氏力、离心力和重力之和。

考虑模型误差实际对象为

$$(M + \Delta M)\ddot{q} + (H + \Delta H) = u + \Delta u$$

将建模误差、参数变化及其他不确定因素视为外界扰动 $f(t)$,则

$$M(q)\ddot{q} + H(q, \dot{q}) = u + f(t)$$

式中,$f(t) = \Delta u - \Delta M\ddot{q} - \Delta H$。

系统误差为

$$\begin{aligned} e &= [\theta_1^d - \theta_1 \ \dot{\theta}_1^d - \dot{\theta}_1 \ \theta_2^d - \theta_2 \ \dot{\theta}_2^d - \dot{\theta}_2] \\ &= [e_1 \ \dot{e}_1 \ e_2 \ \dot{e}_2] \end{aligned}$$

设滑模面为

$$s = ce$$
$$= \begin{pmatrix} c_1 e_1 + \dot{e}_1 \\ c_2 e_2 + \dot{e}_2 \end{pmatrix}$$

则

$$\dot{s} = \begin{pmatrix} c_1 \dot{e}_1 + \ddot{e}_1 \\ c_2 \dot{e}_2 + \ddot{e}_2 \end{pmatrix}$$

$$= \begin{pmatrix} c_1 \dot{e}_1 \\ c_2 \dot{e}_2 \end{pmatrix} + \begin{pmatrix} \ddot{\theta}_1^d \\ \ddot{\theta}_2^d \end{pmatrix} - \begin{pmatrix} \ddot{\theta}_1 \\ \ddot{\theta}_2 \end{pmatrix}$$

$$= \begin{bmatrix} c_1 \dot{e}_1 \\ c_2 \dot{e}_2 \end{bmatrix} + \begin{bmatrix} \ddot{\theta}_1^d \\ \ddot{\theta}_2^d \end{bmatrix} - M^{-1}(u + f - H)$$

取指数趋近律为

$$\dot{s} = -\varepsilon \operatorname{sgn}(s) - ks$$
$$= \begin{pmatrix} -\varepsilon_1 \operatorname{sgn}(s_1) - ks_1 \\ -\varepsilon_2 \operatorname{sgn}(s_2) - ks_2 \end{pmatrix}$$

将上两式合并,则控制律为

$$u = M\left(\begin{pmatrix} c_1 \dot{e}_1 \\ c_2 \dot{e}_2 \end{pmatrix} + \begin{pmatrix} \ddot{\theta}_1^d \\ \ddot{\theta}_2^d \end{pmatrix} + \begin{pmatrix} \varepsilon_1 \operatorname{sgn}(s_1) + ks_1 \\ \varepsilon_2 \operatorname{sgn}(s_2) + ks_2 \end{pmatrix} \right) + H - f$$

该控制律中,由于 f 为未知,控制律在实际应用中无法实现。取 f_c 为 f 的估计值,采用 f_c 代替 f,则控制律变为

$$u = M\left(\begin{pmatrix} c_1 \dot{e}_1 \\ c_2 \dot{e}_2 \end{pmatrix} + \begin{pmatrix} \ddot{\theta}_1^d \\ \ddot{\theta}_2^d \end{pmatrix} + \begin{pmatrix} \varepsilon_1 \operatorname{sgn}(s_1) + ks_1 \\ \varepsilon_2 \operatorname{sgn}(s_2) + ks_2 \end{pmatrix} \right) + H - f_c$$

将控制律代回修整趋近律得

$$\dot{s} = -\varepsilon \operatorname{sgn}(s) - ks + M^{-1}(f_c - f)$$

取 f 上界为 f^L,设计 f_c 为

$$f_c = \begin{bmatrix} -f_1^L \operatorname{sgn}(s_1) \\ -f_1^L \operatorname{sgn}(s_2) \end{bmatrix}$$

取 Lyapunov 函数:

$$V = \frac{s^T s}{2}$$

则

$$\dot{V} = s\dot{s} = -\varepsilon \operatorname{sgn}(s)s - ks^2 + M^{-1}(-f^L \operatorname{sgn}(s) - f)s < 0$$

所以设计的控制系统稳定。

2. 仿真与结果

在文献[11]中模型基础上,对二关节机械臂进行滑模控制,设置不同参数应用 MAT-LAB 仿真并对比分析结果,模型参数设置如下:

$$M(q) = \begin{pmatrix} 0.1 + 0.01\cos(q_2) & 0.01\sin(q_2) \\ 0.01\sin(q_2) & 0.1 \end{pmatrix}$$

$$H(q, \dot{q}) = \begin{pmatrix} -0.005\sin(q_2)\dot{q}_2 \\ 0.05\cos(q_2)\dot{q}_2 \end{pmatrix}$$

$$f(t) = (2\sin(2\pi t) \quad 3\cos(2\pi t))$$

关节角度指令分别为 $q_{1d} = \cos t$，$q_{2d} = \sin(3t)$，取 $c_1 = 5$，$c_2 = 5$，$k = 0$，$\varepsilon = 0.05$，系统的初始状态为 $[q_1 \ \dot{q}_1 \ q_2 \ \dot{q}_2] = [0.5 \ 0 \ 0.5 \ 0]$，采用前面设计的基于名义模型和指数趋近律的滑模方法进行控制。

（1）Simulink 仿真模型如图 8-16 所示，左边 Sine Wave 信号源是第 1 关节的余弦期望信号，Sine Wave1 第 2 关节的正弦期望信号，S-Function 与命名为 SMC_control 的滑模控制函数程序 M 文件相关联，S-Function1 与命名为 SMC_manipulator 机械臂模型函数程序 M 文件相关联，To Workspace1 为输出到工作空间的关节角度和角速度期望信号，To Workspace2 为输出到工作空间的控制信号，To Workspace3 为输出到工作空间的关节角度和角速度实际信号，To Workspace 为输出到工作空间的时间信号，输出到工作空间的变量用于绘制结果曲线。

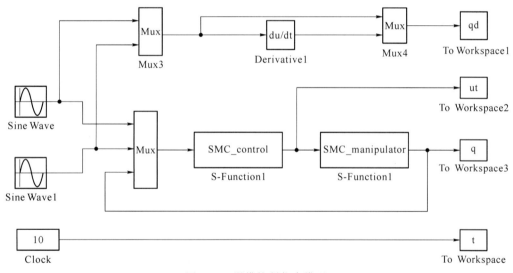

图 8-16　滑模控制仿真模型

（2）滑模控制器程序 SMC_control

```
%定义S函数和初始化
function [sys,x0,str,ts] = spacemodel(t,x,u,flag)
switch flag,
case 0,
    [sys,x0,str,ts] = mdlInitializeSizes;
case 3,
    sys = mdlOutputs(t,x,u);
```

```
case {2,4,9}
    sys = [];
otherwise
    error(['Unhandled flag = ',num2str(flag)]);
end
function [sys,x0,str,ts] = mdlInitializeSizes
sizes = simsizes;
sizes.NumOutputs = 2;
sizes.NumInputs = 6;
sizes.DirFeedthrough = 1;
sizes.NumSampleTimes = 1;
sys = simsizes(sizes);
x0 = [];
str = [];
ts = [0 0];
function sys = mdlOutputs(t,x,u)
% 期望输入信号求导和赋值
qd1 = u(1);dqd1 = - sin(t);ddqd1 = - cos(t);
qd2 = u(2);dqd2 = cos(t);ddqd2 = - sin(t);
% 反馈信号赋值
q1 = u(3);dq1 = u(4);q2 = u(5);dq2 = u(6);
% 求取误差
e1 = qd1 - q1;e2 = qd2 - q2;de1 = dqd1 - dq1;de2 = dqd2 - dq2;
% 设置名义模型
M = [0.1 + 0.01 * cos(q2) 0.01 * sin(q2);
    0.01 * sin(q2) 0.1];
H = [- 0.005 * sin(q2) * dq2;
    0.05 * cos(q2) * dq2];
ddqd = [ddqd1;ddqd2];
% 构建滑模面
c1 = 5;c2 = 5;
s1 = c1 * e1 + de1;s2 = c2 * e2 + de2;s = [s1;s2];
% 设置上届和趋近律参数
f1U = 2;f2U = 3;eq = 0.05;k = 0;
% 控制量
fc1 = f1U * sign(s1);fc2 = f2U * sign(s2);fc = - [fc1;fc2];
ut = M * ([c1 * de1;c2 * de2] + ddqd + eq * sign(s) + k * s) + H - fc;
% 输出控制量
sys(1) = ut(1);sys(2) = ut(2);
% 控制程序结束
```

（3）机械臂模型程序 SMC_manipulator

```
% 定义 S 函数和初始化
function [sys,x0,str,ts] = s_function(t,x,u,flag)
switch flag,
case 0,
    [sys,x0,str,ts] = mdlInitializeSizes;
case 1,
    sys = mdlDerivatives(t,x,u);
case 3,
    sys = mdlOutputs(t,x,u);
case {2, 4, 9 }
    sys = [];
otherwise
    error(['Unhandled flag = ',num2str(flag)]);
end
function [sys,x0,str,ts] = mdlInitializeSizes
sizes = simsizes;
sizes.NumContStates = 4;
sizes.NumDiscStates = 0;
sizes.NumOutputs = 4;
sizes.NumInputs = 2;
sizes.DirFeedthrough = 0;
sizes.NumSampleTimes = 0;
sys = simsizes(sizes);
x0 = [0.5;0;0.5;0];
str = [];
ts = [];
% 定义状态变量
function sys = mdlDerivatives(t,x,u)
q1 = x(1);dq1 = x(2);q2 = x(3);dq2 = x(4);
% 机械臂参数
M = [0.1 + 0.01 * cos(q2) 0.01 * sin(q2);
    0.01 * sin(q2) 0.1];
H = [ - 0.005 * sin(q2) * dq2;
    0.05 * cos(q2) * dq2];
dt = [2 * sin(2 * pi * t);3 * cos(2 * pi * t)];
% 控制量赋值
tol(1) = u(1);tol(2) = u(2);
% 状态空间数学模型
S = inv(M) * (tol' - H - dt);
sys(1) = x(2);sys(2) = S(1);sys(3) = x(4);sys(4) = S(2);
% 输出状态变量
function sys = mdlOutputs(t,x,u)
sys(1) = x(1);sys(2) = x(2);sys(3) = x(3);sys(4) = x(4);
% 程序结束
```

（4）仿真结果曲线

当 $k=0,\varepsilon=0.05$,时滑模控制使用等速趋近律,角度输出结果如图 8-17 所示,角速度输出结果如图 8-18 所示,控制量输出结果曲线如图 8-19 所示,可以看出关节 1 跟踪效果较好,控制力矩有抖振现象。

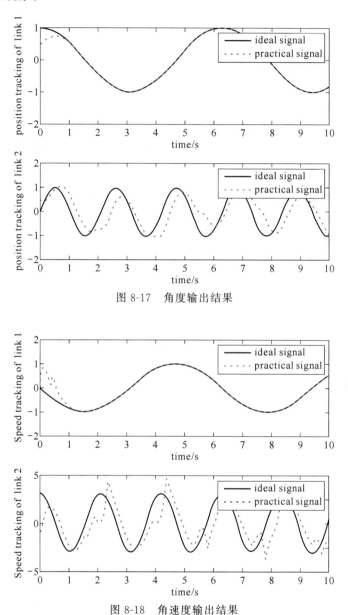

图 8-17　角度输出结果

图 8-18　角速度输出结果

当 $k=50,\varepsilon=5$ 时,滑模控制使用指数趋近律且等速部分系数增大,角度输出结果如图 8-20所示,角速度输出结果如图 8-21 所示,控制量输出结果曲线如图 8-22 所示,可以看出关节 2 跟踪效果变好,但控制力矩抖振现象变严重。

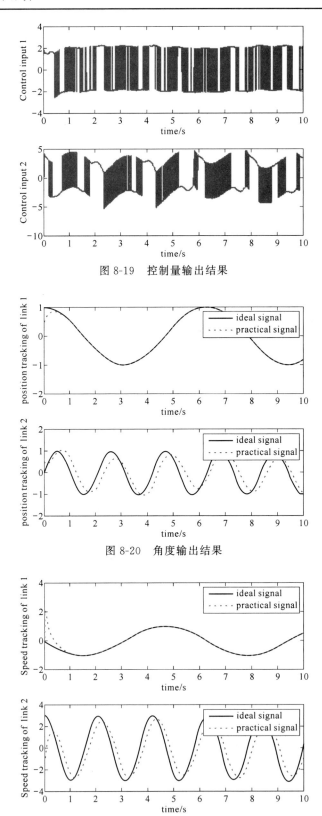

图 8-19 控制量输出结果

图 8-20 角度输出结果

图 8-21 角速度输出结果

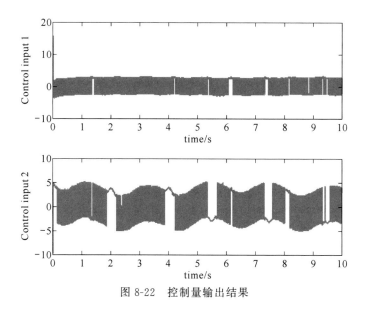

图 8-22　控制量输出结果

8.3　本章小结

　　通过对臂式机器人控制仿真的介绍,可掌握机械臂应用 PID 控制和滑模控制的方法,同时针对机械臂的定位控制和位置轨迹跟踪控制进行了实例仿真,包括 PD 控制率和滑模控制率设计。MATLAB 软件可以对臂式机器人控制进行仿真,测量出的运动量通过曲线的形式展示出来,机器人的运动特性不但与机器人的动力学方程有关,而且还与仿真过程中控制函数的设计和具体参数有关,尤其是滑模控制方法,容易出现抖振现象,通过选择趋近律和优化控制参数才能得到预期效果,PID 的控制参数对机器人运动和控制量也有一定影响。

8.4　思考练习题

　　1. 应用 MATLAB 软件进行控制仿真,不选用 S 函数应该怎样进行?

　　2. 机械臂的动力学模型化简的好处是什么?

　　3. 能否尝试用一种新的趋近律,应用 MATLAB 软件对机械臂进行滑模控制仿真?

第9章 Adams 与 MATLAB 联合机器人仿真

通过前几章 Adams 软件的机器人运动仿真和 MATLAB 软件的机器人控制仿真的学习,我们掌握了机器人仿真的基本步骤和仿真软件的基本操作方法,本章作为本书的最后一章,将充分利用 Adams 软件在机器人的几何建模和动力学仿真方面的优势,结合 MATLAB 软件在机器人控制仿真方面的算法嵌入的便利性,联合两种仿真软件对移动机器人和臂式机器人进行仿真,针对每一种机器人系统的仿真内容不仅包括机械系统的几何建模与约束添加,也包括控制系统的控制算法嵌入和仿真结果曲线的显示与分析。

9.1 前轮转向驱动型机器人仿真

移动机器人轮子配置如图 9-1 所示,采用前轮转向驱动的形式,假设移动机器人的轮子半径为 2 cm,轮子间距为 10 cm,主体部分由尺寸为 10 cm×2 cm×10 cm 的长方体构成,通过 Adams 和 MATLAB 软件对移动机器人进行联合仿真,设定前轮转角和转速为固定值,仿真得出机器人位移和运动轨迹。

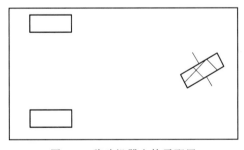

图 9-1　移动机器人轮子配置

9.1.1　机械系统模型

1. 环境配置

1)启动 Adams

双击桌面上的 Adams View 快捷图标。或者在开始菜单中展开 Adams 文件夹,单击 Adams View 图标。

2）创建模型名称

创建模型名称的步骤如下：

（1）在欢迎界面中选中 New Model；

（2）在对话框的 Model name 栏中，输入 Front_wheel_steering_robot；

（3）修改 Working Directory，可以改为 E:\robot（在 E 盘已经创建了 robot 文件夹）；

（4）单击"OK"按钮完成模型名称的创建和路径的设置。

3）设置工作环境

（1）设置单位

设置单位的步骤如下：

①在主菜单中，选择 Setting 下拉菜单中的 Units 菜单项，打开 Units Setting 对话框；

②在 Units Setting 对话框中，取默认设置，Length 为 Millimeter，Mass 为 Kilogram，Force 为 Newton，Time 为 Second，Angle 为 Degree，Frequency 为 Hertz；

③单击"OK"按钮完成单位的设置。

（2）设置工作网格

设置工作网格的步骤如下：

①在主菜单中，选择 Settings 下拉菜单中的 Working Grid 菜单项，打开 Working Grid Settings 对话框；

②在 Working Grid Settings 对话框中，将 Size 的 X 值设置为 1 000 mm，Y 值设置为 1 000 mm，将 Spacing 的 X 和 Y 均设置为 10 mm；

③单击"OK"按钮完成工作网格的设置（单击 Apply 按钮，系统同样执行与单击"OK"按钮相同的命令，但对话框不被关闭）。

（3）设置图标大小

设置图标大小的步骤如下：

①在主菜单中，选择 Settings 下拉菜单中的 Icons 菜单项，打开 Icons Settings 对话框；

②在 Icons Settings 对话框中将，New Size 设置为 20；

③单击"OK"按钮完成图标大小的设置。

（4）打开光标位置显示

打开光标位置显示的步骤如下：

①单击工作区域；

②在主菜单中，选择 View 下拉菜单中的 Coordinate Window F4 菜单项，或单击工作区域后按 F4 快捷键，即可打开光标位置显示。

2. 创建模型

1）创建地面模型

创建初始位于水平位置的地面模型的步骤如下：

（1）在功能区 Bodies 项的 Solids 中，单击 RigidBody:Box 图标，展开选项区；

（2）勾选 Length 复选框，在其下的文本框中输入 300 cm，勾选 Height 复选框，在其下的文本框中输入 1 cm，勾选 Depth 复选框，在其下的文本框中输入 300 cm；

（3）光标移至工作区，会显示地面矩形体，单击工作区域中的（−1 500，−10，0（mm）），完成地面模型创建。

2）地面模型命名

按下列步骤更改地面模型名称：

（1）右击地面模型；

（2）在下拉菜单中，选择 Part：PART_2 下拉菜单中 Rename 菜单项，打开 Rename 对话框；

（3）在 Rename 对话框中，将 New Name 文本框中内容更新为 Surface；

（4）单击"OK"按钮完成模型重命名。

3）设置地面模型质量特性

设置质量特性的步骤如下：

（1）右击地面模型；

（2）在下拉菜单中，选择 Part：Surface 下拉菜单中 Modify 菜单项，打开 Modify Body 对话框；

（3）在 Modify Body 对话框中，Define Mass by 选择 Geometry and Material Type 方式，在 Material Type 文本框中右击弹出菜单，在 Material 的 Guesses 中选择 wood 材料（地面选择木板材料）；

（4）选择完毕，单击"OK"按钮完成质量特性设置。

4）地面模型颜色设置

模型颜色设置的步骤如下：

（1）右击需要设置颜色的几何体；

（2）在下菜单中选择 Select 菜单项；

（3）在软件界面上方的主工具栏中，右击颜色库选择黑色，完成颜色设置。

5）创建车体模型

创建车体模型的步骤如下：

（1）在功能区 Bodies 项的 Solids 中，单击 RigidBody：Box 图标，展开选项区；

（2）勾选 Length 复选框，在其下的文本框中输入 10 cm，勾选 Height 复选框，在其下的文本框中输入 2 cm，勾选 Depth 复选框，在其下的文本框中输入 10 cm；

（3）将光标移至工作区，会显示车体矩形体，单击工作区域中的（－1000，10，0（mm））位置，确保车体模型与地面模型之间 10 cm 距离，完成车体模型创建。

（4）将车体模型重命名为 Body；

（5）将车体质量属性设置为 steel；

（6）将车体模型设置为红色。

6）模型位置修正

为了给便于后面的车轮建模和装配，通过移动地面模型修正地面模型与车体模型的相对位置，使地面上表面几何中心位于世界坐标系原点，车体距离世界坐标系原点 100 cm 左右，具体步骤如下：

（1）在主工具栏中选择顶视图，并将模型缩放到合适大小；

（2）在主工具栏中选择 Position：Move；

（3）勾选 Select，选择 Vector 方式，在下面文本框中输入 150 cm；

（4）光标移到地面模型位置,选择车体模型 Surface(可通过右击弹出的列表中选择,单击"OK"按钮确定),在地面模型上晃动光标,会出现矢量箭头,当箭头指向移动方向时,单击左键,完成地面位置修正,机器人、地面和全局坐标系原点的相对位置如图 9-2 所示。

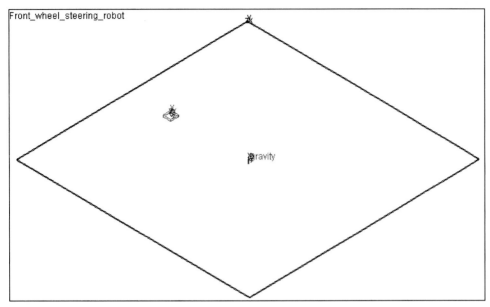

图 9-2　相对位置图

7）创建轮子模型

前轮转向机器人有两个后轮、一个前轮和一个转向盘,轮子的创建步骤如下：

（1）在主工具栏中选择前视图,并将模型缩放到合适大小；

（2）在功能区 Bodies 项的 Solids 中,单击 RigidBody:Cylinder 图标,展开选项区；

（3）勾选 Length 复选框,在其下的文本框中输入 1 cm,勾选 Radius 复选框,在其下的文本框中输入 2 cm；

（4）将光标移至工作区,单击工作区域中的(-990,20,0(mm))位置,晃动光标会显示车轮形体(前方看是矩形),在如图 9-1 所示位置单击左键,完成车轮模型创建。

（5）将车体模型重命名为 Left_wheel；

（6）将车轮质量属性设置为 steel；

8）轮子位姿修正

建模后左车轮模型相对于车体模型的位姿与装配要求的位姿不一致,将轮子模型的位姿修正到正确方向和正确位置,具体步骤如下：

（1）在主工具栏中选择前视图,并将模型缩放到合适大小；

（2）光标移到左轮模型位置,右击选择 Part:Left_wheel 选项中的 Select 菜单项选择左轮模型；

（3）在主工具栏中选择 Position:Repositioning objects relative to the Working Grid by entering coordinates；

（4）勾选 Locotion 文本框中输入位置(-1010,20,20),勾选 Orientation 文本框中输入角度(90,90,0),下拉菜单选择 Rel To Origin；

（5）单击 Set 按钮完成左车轮位姿修正（在主菜单中选择不同视图观察轮子是否修正到正确的位置和方向）。

同理，可建立相同大小的另一个轮子模型，命名为 Right_wheel，将位置调整为（−900，20，20），方向与 Left_wheel 相同，将车轮模型设置为绿色，质量属性设置为 steel。

同理，可建立相同大小的前轮模型，命名为 Front_wheel，将位置调整为（−955，20，80），方向与后轮相同，将车轮模型设置为绿色，质量属性设置为 steel。

为了实现前轮转向，还需建立转向盘模型，假设转向盘和轮子尺寸一样，按照建立轮子模型的步骤，模型命名为 Steering wheel，位姿调整时勾选 Location 文本框中输入位置（−950，40，80），勾选 Orientation 文本框中输入角度（0，90，0），转向盘与车体上表面平行，前轮几何中心位于转向盘旋转轴线上，将转向盘模型设置为蓝色，质量属性设置为 steel。

前轮转向驱动移动机器人的几何模型，主要由地面、车体、左右两个后轮和转向前轮几部分组成，通过选择 View 下拉菜单的 Render Model 中的 Solid Fill 选项可以得到机器人模型实体图，通过选择 View 下拉菜单的 View Accessories 选项，弹出 View Accessories 对话框，去掉 Working Grid 选项和 Screen Icons 选项，得到的机器人三维几何模型如图 9-3 所示。

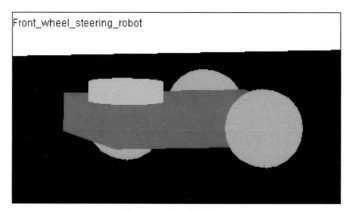

图 9-3　三维几何模型

3. 加载约束

1）加载旋转副

前轮转向驱动机器人约束主要有后轮与车体间的转动副，转向盘与车体间的转动副，前轮与转向盘间的转动副，地面的固定副，前轮和后轮与地面的接触力副，具体步骤如下：

（1）在功能区 Connectors 项的 Joints 中，单击 Create a Revolute joint 图标，展开选项区；

（2）在 Construction 中选择 2 Bodies-1 Location 和 Pick Geometry Feature，在 1st 中选择 Pick Body，在 2nd 中选择 Pick Body；

（3）将光标移至工作区模型上，可通过右击弹出列表先选择 Left_wheel 模型，再选择 Body 模型，然后选择轮子中心点 Left_wheel.cm，在轮子中心处晃动光标出现矢量箭头，当箭头指向轮子的旋转轴方向时，单击左键确定完成左轮子与车体间的旋转副 JOINT_1 创建；

（4）工作区内右键单击旋转副图标,选择弹出菜单 Joint:JOINT_1 中的 Modify 选项,可以查看和修改转动副设定;

（5）应用上述方法,完成右轮子与车体间的旋转副 JOINT_2 创建,注意要设置两个后轮旋转的矢量箭头方向相同;

（6）应用上述方法,完成转型盘与车体间的旋转副 JOINT_3 创建,注意要设置旋转的矢量箭头方向为转向盘转轴,与地面是垂直的;

（7）应用上述方法,完成前轮与转向盘间的旋转副 JOINT_4 创建,注意位置要设置在前轮中心,旋转的矢量箭头方为前轮转轴方向。

2）创建地面锁止副

机器人在地面上运动,地面保持不动,创建地面锁止副具体步骤如下:

（1）在功能区 Connectors 项的 Joints 中,单击 Create a Fixed joint 图标,展开选项区;

（2）在 Construction 中选择 1 Location-Bodies impl. 和 Pick Geometry Feature;

（3）将光标移至工作区模型上,选择 Surface.cm 点,然后单击,晃动光标出现矢量箭头,再单击完成地面锁止副 JOINT_5 创建,工作区内右键单击球副锁止副 JOINT_5 图标,选择弹出菜单 Joint:JOINT_5 中的 Modify 选项,可以查看和修改锁止副设定。

3）创建地面接触力

机器人运动时轮子会在地面上滚动,受到地面的接触力作用,创建接触力具体步骤如下:

（1）在功能区 Forces 项的 Special Forces 中,单击 Create a Contact 图标,弹出 Create Contact 对话框;

（2）在 Create Contact 对话框中 I Solid(s)文本框中,右击选择 Pick 选项,光标移到左轮子模型处,单击选择 Left_wheel.CYLINDER_3 实体,在 J Solid(s)文本框中,右击选择 Pick 选项,光标移到地面模型处,单击选择 Surface.BOX_1 实体,单击"OK"按钮创建接触力 CONTACT_1,因为左车轮与地面有摩擦,Friction Force 选择 Coulomb 选项,通过右击点选 Contact:CONTACT_1 选项的 Modify 可以查看和修改接触力设置,根据前面的等效处理支撑点与地面无摩擦,Friction Force 选择 None 选项;

（3）应用上述方法创建右车轮与地面间的接触力 CONTACT_2,因为右车轮与地面有摩擦,Friction Force 选择 Coulomb 选项;

（4）应用上述方法创建前轮与地面间的接触力 CONTACT_3,因为前轮与地面有摩擦,Friction Force 选择 Coulomb 选项。

4）创建电动机驱动

前轮转向驱动机器人有两个电动机驱动,一个是转向盘处的转向电动机,另一个是前轮滚动电动机,创建接电动机驱动具体步骤如下:

（1）在功能区 Motions 项的 Joint Motions 中,单击 Rotational Joint Motions 图标展开;

（2）默认旋转速度 Rot.Speed 的值为 30.0,在工作区选取 JOINT_3,完成左轮子转动副 JOINT_3 上的电动机驱动 MOTION_1 创建,通过右击选择 Motion:MOTION_1 选项的 Modify 可以查看和修改电动机驱动设置;

（3）应用上述方法创建前轮子转动副 JOINT_4 上的电动机驱动 MOTION_2。

建议完成机器人几何模型建立、约束加载和仿真条件设置,要在 Adams 中进行仿真验证,观察分析结果曲线,及时排查前面操作出现的错误,减少后面联合仿真出错时调试的工作量。

4. 定义变量

Adams 与 MATLAB 联合仿真需要输出机械系统模型,并且定义系统输出变量和系统输入变量,用于两个软件间的数据传递。前轮转向驱动机器人具有两个电动机驱动,需要在 MATLAB 中传入控制数据,定义 Input1 系统变量关联到转向盘的电动机运动角度,定义 Input2 系统变量关联到前轮驱动电动机滚动角度。将 Adams 中机器人的位置数据输出给 MATLAB,定义 Output1 系统变量关联到车体中心的 x 坐标测量,定义 Output2 系统变量关联到车体中心的 x 坐标测量。定义 PINPUT_1 和 PINPUT_2 数据输入变量与系统输入变量关联,定义 POUTPUT_1 和 POUTPUT_2 数据输出变量与系统输出变量关联。

1)输入变量定义

(1)在功能区 Elements 项的 System Elements 中,单击 Create a State Variable define by a Algebraic Equation 图标,弹出 Create State Variable 对话框;

(2)如图 9-4 所示,在 Name 文本框中输入 Input1,其他保持默认设置,单击"OK"按钮完成输入变量创建;

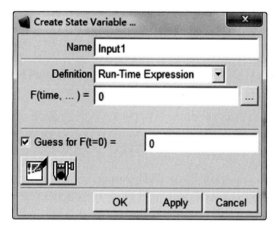

图 9-4 创建对话框

(3)应用上述方法创建 Input2 系统变量;

(4)在功能区 Elements 项的 Data Elements 中,单击 Create an ADAMS plant input 图标,弹出 Data Element Create Plant Input 对话框;

(5)如图 9-5 所示,在 Plant Input Name 文本框中输入 PINPUT_1,Variable Name 文本框中右击选择 Variable_Class 中的 Guesses 中的 Input1,其他保持默认设置,单击"OK"按钮完成输入变量创建;

(6)应用上述方法创建数据变量 PINPUT_2 变量,Variable Name 文本框中右击选择 Variable_Class 中的 Guesses 中的 Input2;

(7)将系统变量 Input1 加载到机器人转向盘电动机驱动上,在转向盘模型驱动上右击选择 Motion:MOTION_1 中的 Modify,弹出 Joint Motion 对话框;

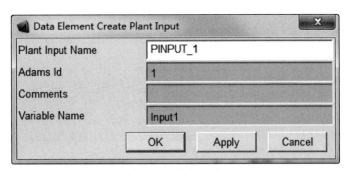

图 9-5　输入变量

（8）如图 9-6 所示，在对话框 Function(time)文本框内输入 VARVAL(Input1)，单击"OK"按钮完成，转向盘电动机驱动与输入变量 Input1 关联；

（9）应用上述方法完成前轮电动机驱动 MO-TION_2 与 Input2 系统变量关联，Function(time)文本框内输入 VARVAL(Input2)。

2）输出变量定义

输出机器人的车体坐标，先要建立两个坐标测量(x,z)，然后创建系统变量 Output1 和 Output2，再创建数据变量 POUTPUT_1 和 POUTPUT_2。

（1）在工作区点选车体模型，右击弹出下拉菜单选择 Part：Body 中的 Measure 选项，弹出 Part Measure 对话框；

（2）在 Measure Name 文本框中输入 x 作为测量名称，在 Part Measure 对话框中的 Characteristic 文本框中选择 CM position 项，在 Component 中选择 x 轴；

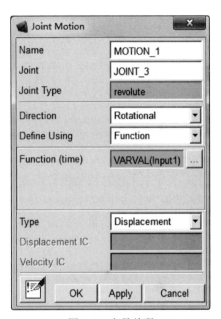

图 9-6　变量关联

（3）单击"OK"按钮完成 x 坐标测量创建；

（4）应用上述方法完成 z 坐标测量创建，命名为 z，在 Part Measure 对话框中的 Characteristic 文本框中选择 CM position 项，在 Component 中选择 z 轴；

（5）在功能区 Elements 项的 System Elements 中，单击 Create a State Variable define by a Algebraic Equation 图标，弹出 Create State Variable 对话框；

（6）如图 9-7 所示，在 Name 文本框中输入 Output1，在 F(time)中展开编辑器，在 Getting Object Data 的下拉菜单中选择 Measure 选项，在后面文本框中右击选择 Runtime_Measure 中 Guesses 的 x 测量，再单击文本框下面的 Insert Object Name，将选中的 x 测量插入到公式编辑区，单击"OK"按钮完成输入变量创建；

（7）应用上述方法创建 Onput2 系统变量，在 F(time)中展开编辑器，插入上面建立的坐标 z 测量；

（8）在功能区 Elements 项的 Data Elements 中，单击 Create an ADAMS plant output 图标，弹出 Data Element Create Plant Output 对话框；

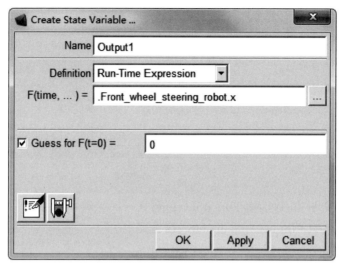

图 9-7　变量创建

（9）在 Plant Output Name 文本框中输入 POUTPUT_1，Variable Name 文本框中右击选择 Variable_Class 中的 Guesses 中的 Output1，其他保持默认设置，单击"OK"按钮完成输入变量创建；

（10）应用上述方法创建数据变量 POUTPUT_2 变量，Variable Name 文本框中右击选择 Variable_Class 中的 Guesses 中的 Output2；

（11）创建系统变量和数据变量可以在软件界面左侧 Browse 选项列表中的 Element 中查看，如图 9-8 所示。

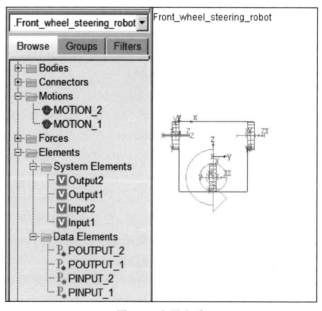

图 9-8　变量查看

5. 模型输出

在 Adams 中完成机器人几何建模、约束加载和变量定义,就可输出模型文件,为后面的 MATLAB 加载模型做准备。

(1) 在功能区 Plugins 项的 Controls 中,单击选择 Plant Export 选项,弹出 Adams Controls Plant Export 对话框;

(2) 单击 From Pinput 按钮,在弹出对话框中选择 PINPUT_1 和 PINPUT_2,单击 "OK"按钮确认选择,在文本框中 Input Signal(s)中显示 Input1 和 Input2;

(3) 单击 From Poutput 按钮,在弹出对话框中选择 POUTPUT_1 和 POUTPUT_2,单击"OK"按钮确认选择,在文本框中 Output Signal(s)中显示 Onput1 和 Onput2;

(4) Target Software 选择 MATLAB,确保设置如图 9-9 所示,单击"OK"按钮完成模型文件输出。

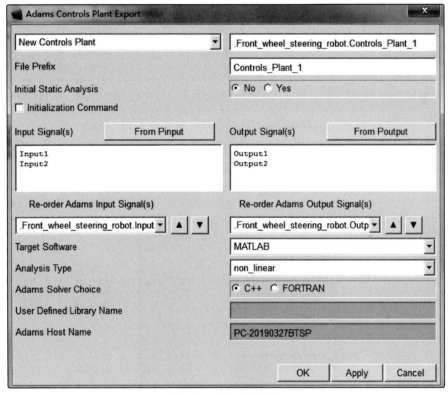

图 9-9　模型文件输出

9.1.2　控制系统模型

1. 模块生成

(1) 启动 MATLAB 软件,将工作目录设定到 Adams 相同路径 E:\robot,里面有导出的机器人机械系统模型文件;

(2) 在 MATLAB 命令界面,运行名字为 Controls_Plant_1 的 M 文件;

(3) 运行完毕后,如图 9-10 所示显示输入变量和输出变量,然后输入 adams_sys 命令,按 Enter 键;

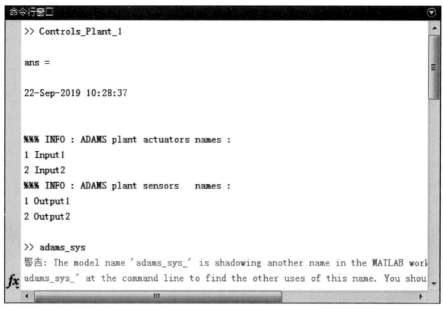

图 9-10　显示变量

（4）可能会有警告，如 Simulink 版本过低，本实例机械系模型是在 Adams2016 版本生成，若在 MATLAB 2010a 中运行，会提示 Simulink 版本过低，无法完成仿真，所以安装了 MATLAB 2016a 版本成功运行，但也会出现警告，可以忽略；

（5）执行完毕 adams_sys 命令后，会弹出 adams_sub 模块，如图 9-11 所示。

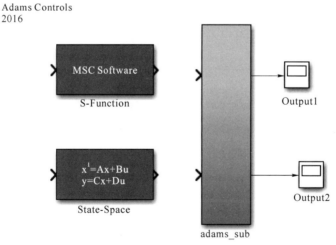

图 9-11　adams_sub 模块

2. 模型搭建

（1）在 MATLAB 的 Simulink 中新建个空白模型文件，命名为 Front_wheel_steering_robot，然后将上一步生成的 adams_sub 模块，复制到这个空白文件中；

（2）在 Simulink 模型库中拖出常数输入 Constant 和斜坡输入信号 Ramp，示波器 Scop 和显示坐标曲线的 XY Graph，输入和输出连线如图 9-12 所示；

（3）常数输入 Constant 的值设置为 pi/12 作为机器人转向盘角度，斜坡输入信号 Ramp 的斜率值设为 2，作为机器人前轮滚动转速。

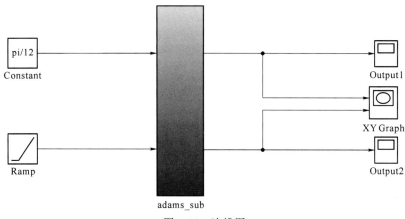

图 9-12　连线图

9.1.3　联合仿真结果

1. 参数设置

（1）双击图 9-12 中的 adams_sub 模块，弹出该子模块的内部结构如图 9-13 所示；

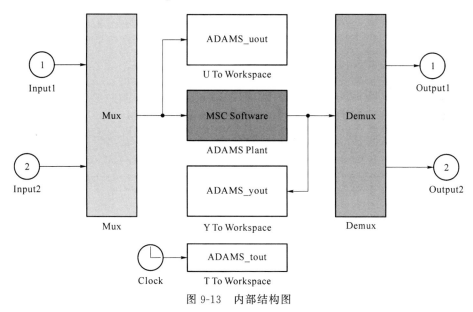

图 9-13　内部结构图

（2）再双击图 9-13 中的 MSC Software 模块，弹出 Block Parameters：ADAMS Plant 对话框如图 9-14 所示；

（3）在 Block Parameters：ADAMS Plant 对话框中，Animation mode 选择 interactive 来显示机器人画面，Communication Interval 设置为 0.001 作为通信间隔，单击"OK"按钮完成参数设定。

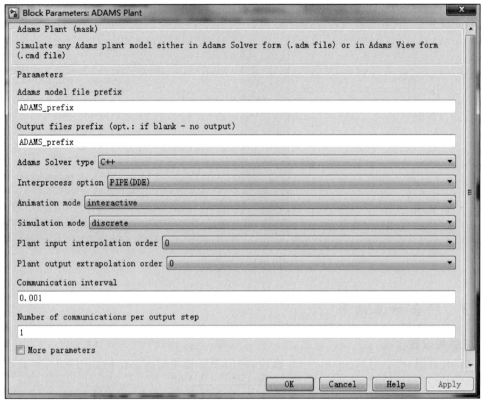

图 9-14　参数设置对话框

2. 结果显示

（1）在 Simulink 模型文件中，设定仿真时间为 20 s，确保 Adams 软件可以打开使用，单击启动仿真按钮，开始联合仿真解算；

（2）在仿真过程中，Adams 软件会自动打开，可以拖动调整机器人模型视图，观察机器人的转向盘和机器人整体运动情况，如图 9-15 所示；

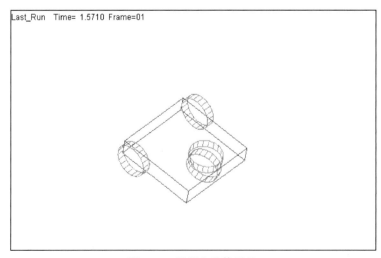

图 9-15　机器人整体显示

（3）仿真完成后可以双击示波器 Output1 查看机器人 x 坐标曲线如图 9-16 所示；

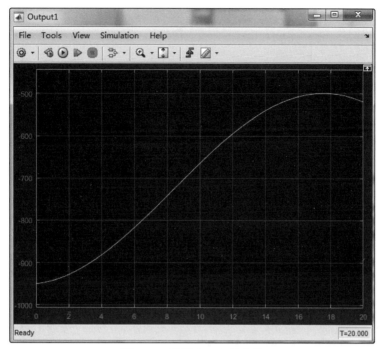

图 9-16　机器人 x 坐标曲线

（4）双击另一个示波器 Output2 查看机器人 z 坐标曲线如图 9-17 所示；

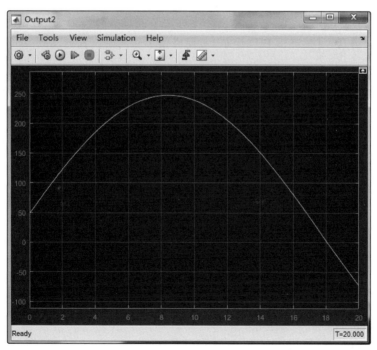

图 9-17　机器人 z 坐标曲线

（5）仿真过程中，XY Graph 会显示由机器人坐标合成的运动轨迹，如图 9-18 所示。

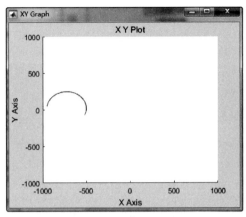

图 9-18　合成的运动轨迹

机器人位置坐标值，与在 Adams 中建立车体模型时放置的坐标值是一致的，在 Simu-link 中设定转向盘角度和机器人前轮滚动角度，根据机器人运动轨迹可以看出前轮转向驱动机器人在做圆弧曲线运动。

9.2　直角坐标型机器人仿真

直角坐标型机器人如图 9-19 所示，可用来在矩形空间内操作，假设机器人第一关节为 z 轴，第二关节为 y 轴，第三关节为 x 轴，三个平移关节的最大行程为 500 mm，应用 Adams 和 MATLAB 联合仿真，对其进行 PID 控制，实现机械手从初始位置运动到（250 mm，250 mm，250 mm）的点。

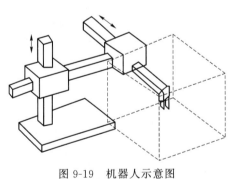

图 9-19　机器人示意图

9.2.1　机械系统模型

1．环境配置

1）启动 Adams

双击桌面上的 Adams View 快捷图标。或者在开始菜单中展开 Adams 文件夹，单击 Adams View 图标。

2）创建模型名称

创建模型名称的步骤如下：

（1）在欢迎界面中选中 New Model；

（2）在对话框的 Model name 栏中，输入 Cartesian_robot；

（3）修改 Working Directory，可以改为 E:\robot（在 E 盘已经创建了 robot 文件夹）；

（4）单击"OK"按钮完成模型名称的创建和路径的设置。

3）设置工作环境

（1）设置单位

设置单位的步骤如下：

①在主菜单中，选择 Setting 下拉菜单中的 Units 菜单项，打开 Units Setting 对话框；

②在 Units Setting 对话框中，取默认设置，Length 为 Millimeter，Mass 为 Kilogram，Force 为 Newton，Time 为 Second，Angle 为 Degree，Frequency 为 Hertz；

③单击"OK"按钮完成单位的设置。

（2）去除重力设置

本实例中不考虑机器人自身重力的影响，所以需要将重力去掉。

①在主菜单中，选择 Settings 下拉菜单中的 Working Grid 菜单项，打开 Gravity Settings 对话框；

②在 Gravity Settings 对话框中，去除 Gravity 的勾选，结果如图 9-20 所示；

③单击"OK"按钮完成设置。

（3）设置工作网格

设置工作网格的步骤如下：

①在主菜单中，选择 Settings 下拉菜单中的 Working Grid 菜单项，打开 Working Grid Settings 对话框；

②在 Working Grid Settings 对话框中，将 Size 的 X 值设置为 1 000 mm，Y 值设置为 1 000 mm，将 Spacing 的 X 和 Y 均设置为 10 mm；

图 9-20　重力设置

③单击"OK"按钮完成工作网格的设置（单击 Apply 按钮，系统同样执行与单击"OK"按钮相同的命令，但对话框不被关闭）。

（4）设置图标大小

设置图标大小的步骤如下：

①在主菜单中，选择 Settings 下拉菜单中的 Icons 菜单项，打开 Icons Settings 对话框；

②在 Icons Settings 对话框中将，New Size 设置为 20；

③单击"OK"按钮完成图标大小的设置。

（5）打开光标位置显示

打开光标位置显示的步骤如下：

①单击工作区域；

②在主菜单中,选择 View 下拉菜单中的 Coordinate Window F4 菜单项,或单击工作区域后按 F4 快捷键,即可打开光标位置显示。

2．创建模型

1）创建基座模型

创建初始位于水平位置的基座模型的步骤如下:

（1）在功能区 Bodies 项的 Solids 中,单击 RigidBody:Box 图标,展开选项区;

（2）勾选 Length 复选框,在其下的文本框中输入 50 cm,勾选 Height 复选框,在其下的文本框中输入 50 cm,勾选 Depth 复选框,在其下的文本框中输入 10 cm;

（3）光标移至工作区,会显示基座矩形体,单击工作区域中的（0,0,0(mm）),完成基座模型创建。

2）基座模型命名

按下列步骤更改地面模型名称:

（1）右击基座模型;

（2）在下拉菜单中,选择 Part:PART_2 下拉菜单中 Rename 菜单项,打开 Rename 对话框;

（3）在 Rename 对话框中,将 New Name 文本框中内容更新为 Base;

（4）单击"OK"按钮完成模型重命名。

3）设置地面模型质量特性

设置质量特性的步骤如下:

（1）右击基座模型;

（2）在下拉菜单中,选择 Part:Base 下拉菜单中 Modify 菜单项,打开 Modify Body 对话框;

（3）在 Modify Body 对话框中,Define Mass by 选择 Geometry and Material Type 方式,在 Material Type 文本框中右击弹出菜单,在 Material 的 Guesses 中选择 Steel 材料（地面选择钢材料）;

（4）选择完毕,单击"OK"按钮完成质量特性设置。

4）基座模型颜色设置

模型颜色设置的步骤如下:

（1）右击需要设置颜色的几何体;

（2）在下菜单中选择 Select 菜单项;

（3）在软件界面上方的主工具栏中,右击颜色库选择黑色,完成颜色设置。

5）创建关节模型

直角坐标型关节模型主要有,x 轴平移关节、y 轴平移关节和 z 轴平移关节,模型创建的具体步骤如下:

（1）首先建立 z 轴平移关节,在功能区 Bodies 项的 Solids 中,单击 RigidBody:Box 图标,展开选项区;

（2）勾选 Length 复选框,在其下的文本框中输入 10 cm,勾选 Height 复选框,在其下的文本框中输入 10 cm,勾选 Depth 复选框,在其下的文本框中输入 50 cm;

（3）将光标移至工作区,会显示矩形体,单击工作区域中的（0,0,0(mm）)位置,确保关节模型与基座模型定位点在全局坐标系原点处,平移关节长边位移全局坐标系 z 轴方向,完成车体模型创建;

（4）将关节模型重命名为 Joint_z，将关节质量属性设置为 steel，将关节模型设置为红色；

（5）然后建立 y 轴平移关节，勾选 Length 复选框，在其下的文本框中输入 10 cm，勾选 Height 复选框，在其下的文本框中输入 50 cm，勾选 Depth 复选框，在其下的文本框中输入 10 cm，在工作区左击完成矩形体创建；

（6）在主工具栏中选择 Position：Repositioning objects relative to the Working Grid by entering coordinates，勾选 Locotion 文本框中输入位置（0，0，400），勾选 Orientation 文本框中输入角度（0，0，0），下拉菜单选择 Rel To Origin，单击 Set 按钮完成关节位姿修正，确保平移关节长边位移全局坐标系 y 轴方向，完成 y 轴平移关节模型创建；

（7）将新创建关节模型重命名为 Joint_y，将关节质量属性设置为 steel，将关节模型设置为绿色；

（8）然后建立 x 轴平移关节，勾选 Length 复选框，在其下的文本框中输入 50 cm，勾选 Height 复选框，在其下的文本框中输入 10 cm，勾选 Depth 复选框，在其下的文本框中输入 10 cm，在工作区左击完成矩形体创建；

（9）在主工具栏中选择 Position：Repositioning objects relative to the Working Grid by entering coordinates，勾选 Locotion 文本框中输入位置（0，400，400），勾选 Orientation 文本框中输入角度（0，0，0），下拉菜单选择 Rel To Origin，单击 Set 按钮完成关节位姿修正，确保平移关节长边位移全局坐标系 x 轴方向，完成 x 轴平移关节模型创建；

（10）将新创建关节模型重命名为 Joint_x，将关节质量属性设置为 steel，将关节模型设置为黄色。

6）机械手模型

为了方便建模和仿真，机器人机械手的模型简化为球体模型，测量坐标点设为球形机械手的中心，具体步骤如下：

（1）在功能区 Bodies 项的 Solids 中，单击 RigidBody：Sphere 图标，展开选项区；

（2）勾选 Radius 复选框，在其下的文本框中输入 5 cm；

（3）将光标移至工作区，会球形体，单击工作区域中任意位置生成球体；

（4）在主工具栏中选择 Position：Repositioning objects relative to the Working Grid by entering coordinates，勾选 Locotion 文本框中输入位置（550，450，450），勾选 Orientation 文本框中输入角度（0，0，0），下拉菜单选择 Rel To Origin，单击 Set 按钮完成球形机械手位姿修正，确保机械手在机械臂末端位置；

（5）将机械手模型重命名为 Manipulator，将质量属性设置为 steel，模型颜色设置为蓝色。综上所述，建立的直角坐标型机器人几何模型如图 9-21 所示。

3．加载约束

1）加载运动副

直角坐标型机器人约束主要有三个平移关节的三个移动副，基座的固定锁止副以及机械手与 x 轴平移关节间的锁止副。

2）加载平移副

（1）首先加载 z 轴平移关节与基座间的平移副，在功能区 Connectors 项的 Joints 中，单击 Create a Translational joint 图标，展开选项区；

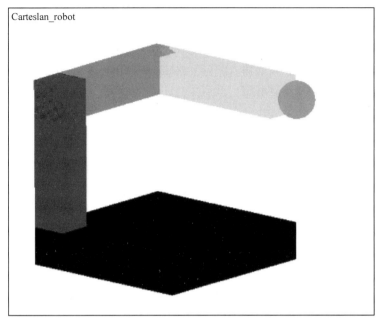

图 9-21　机器人模型

（2）在 Construction 中选择 2 Bodies-1 Location 和 Pick Geometry Feature,在 1st 中选择 Pick Body,在 2nd 中选择 Pick Body;

（3）将光标移至工作区模型上,可通过右击弹出列表先选择 Joint_z 模型,再选择 Base 模型,然后选择 Joint_z 模型上一点,晃动光标出现矢量箭头,当箭头指向 z 轴方向时,单击左键确定完成 z 轴平移副 JOINT 1 创建;

（4）工作区内右键单击平移副图标,选择弹出菜单 Joint:JOINT_1 中的 Modify 选项,可以查看和修改转动副设定;

（5）应用上述方法,完成 y 轴平移关节的平移副 JOINT_2 创建;

（6）应用上述方法,完成 y 轴平移关节的平移副 JOINT_3 创建。

3）创建锁止副

机器人基座固定原位置,机械手固定在机械臂末端,创建地面锁止副具体步骤如下:

（1）在功能区 Connectors 项的 Joints 中,单击 Create a Fixed joint 图标,展开选项区;

（2）在 Construction 中选择 1 Location-Bodies impl. 和 Pick Geometry Feature;

（3）将光标移至工作区模型上,选择 Base.cm 点,然后单击,晃动光标出现矢量箭头,再左击完成地面锁止副 JOINT_4 创建,工作区内右键单击球副锁止副 JOINT_4 图标,选择弹出菜单 Joint:JOINT_4 中的 Modify 选项,可以查看和修改锁止副设定;

（4）应用上述方法,完成锁止副 JOINT_5 创建,在 Construction 中选择 2 Bodies-1 Location,选择 Joint_x 和 Manipulator 模型和 Manipulator.cm 点。

4）创建驱动力

机器人运动依靠平移关节上的平移力矢量,创建驱动力具体步骤如下:

（1）加载平移力矢量驱动,在功能区 Forces 项的 Applied Forces 中,单击 Create a Force（Single-component）Applied Force 图标,展开选项区;

（2）在 Run-time Direction 文本框中选择 Body Moving，在 Construction 中选择 Pick Feature 在 Characteristic 文本框中选择 Constant；

（3）光标移到 z 轴关节处，右击选择 Joint_z，单击"OK"按钮，然后再右击选择 Joint_z. cm，晃动光标出现矢量箭头，当力矢量箭头方向与全局坐标系 z 轴平行，单击左键确定完成 z 轴平移关节的力驱动 SFORCE_1 设置；

（4）应用上述方法创建 y 轴平移关节力驱动 SFORCE_2 创建，力矢量方向与全局坐标系 y 轴平行；

（5）应用上述方法创建 x 轴平移关节力驱动 SFORCE_3 创建，力矢量方向与全局坐标系 x 轴平行。

建议完成机器人几何模型建立、约束加载和仿真条件设置，要在 Adams 中进行仿真验证，观察分析动画，及时排查前面操作出现的错误，减少后面联合仿真出错时调试的工作量。

4. 定义变量

定义输出与输入的系统变量和数据变量，用于软件间的数据传递，直角坐标型机器人有三个平移驱动力，需要在 MATLAB 中传入控制数据，定义 Input1 系统输入变量关联到 z 轴驱动力 SFORCE_1，定义 Input2 系统输入变量关联到 y 轴驱动力 SFORCE_2，定义 Input3 系统输入变量关联到 x 轴驱动力 SFORCE_3。将 Adams 中机器人的位置数据输出给 MATLAB，定义 Output1 系统变量关联到球形机械手的 z 坐标测量，定义 Output2 系统变量关联到球形机械手的 y 坐标测量，定义 Output3 系统变量关联到球形机械手的 x 坐标测量。定义 PINPUT_1、PINPUT_2 和 PINPUT_3 数据输入变量与系统输入变量关联，定义 POUTPUT_1、POUTPUT_2 和 POUTPUT_3 数据输出变量与系统输出变量关联。

1）输入变量定义

（1）在功能区 Elements 项的 System Elements 中，单击 Create a State Variable define by a Algebraic Equation 图标，弹出 Create State Variable 对话框；

（2）在 Name 文本框中输入 Input1，其他保持默认设置，单击"OK"按钮完成输入变量创建；

（3）应用上述方法创建 Input2 系统变量；

（4）应用上述方法创建 Input3 系统变量；

（5）在功能区 Elements 项的 Data Elements 中，单击 Create an ADAMS plant input 图标，弹出 Data Element Create Plant Input 对话框；

（6）在 Plant Input Name 文本框中输入 PINPUT_1，Variable Name 文本框中右击选择 Variable_Class 中的 Guesses 中的 input1，其他保持默认设置，单击"OK"按钮完成输入变量创建；

（7）应用上述方法创建数据变量 PINPUT_2 变量，Variable Name 文本框中右击选择 Variable_Class 中的 Guesses 中的 Input2；

（8）应用上述方法创建数据变量 PINPUT_3 变量，Variable Name 文本框中右击选择 Variable_Class 中的 Guesses 中的 Input3；

（9）将系统变量 Input1 加载到机器人 z 轴驱动力上，在 z 轴平移关节模型驱动力上右击选择 Force：SFORCE_1 中的 Modify，弹出 Modify Force 对话框；

（10）在对话框 Function 文本框内输入 VARVAL(Input1)，单击"OK"按钮完成 z 轴力驱动与输入变量 Input1 关联；

（11）应用上述方法完成 y 轴力驱动 SFORCE_2 与 Input2 系统变量关联，Function 文本框内输入 VARVAL(Input2)；

（12）应用上述方法完成 x 轴力驱动 SFORCE_3 与 Input3 系统变量关联，Function 文本框内输入 VARVAL(Input3)。

2）输出变量定义

输出机器人球形机械手的坐标，先要建立三个坐标测量 (x, y, z)，然后创建系统输出变量 Output1、Output2 和 Output3，再创建数输出据变量 POUTPUT_1、POUTPUT_2 和 POUTPUT_3。

（1）在工作区点选机械手模型，右击弹出下拉菜单选择 Part：Manipulator 中的 Measure 选项，弹出 Part Measure 对话框；

（2）在 Measure Name 文本框中输入 z 作为测量名称，在 Part Measure 对话框中的 Characteristic 文本框中选择 CM position 项，在 Component 中选择 z 轴；

（3）单击"OK"按钮完成 z 坐标测量创建；

（4）应用上述方法完成 y 坐标测量创建，命名为 y，在 Part Measure 对话框中的 Characteristic 文本框中选择 CM position 项，在 Component 中选择 y 轴；

（5）应用上述方法完成 x 坐标测量创建，命名为 x，在 Part Measure 对话框中的 Characteristic 文本框中选择 CM position 项，在 Component 中选择 x 轴；

（6）在功能区 Elements 项的 System Elements 中，单击 Create a State Variable define by a Algebraic Equation 图标，弹出 Create State Variable 对话框；

（7）在 Name 文本框中输入 Output1，在 F(time) 中展开编辑器，在 Getting Object Data 的下拉菜单中选择 Measure 选项，在后面文本框中右击选择 Runtime_Measure 中 Guesses 的 z 测量，再单击文本框下面的 Insert Object Name，将选中的 z 测量插入到公式编辑区，单击"OK"按钮完成输入变量创建；

（8）应用上述方法创建 Onput2 系统变量，在 F(time) 中展开编辑器，插入上面建立的坐标 y 测量；

（9）应用上述方法创建 Onput3 系统变量，在 F(time) 中展开编辑器，插入上面建立的坐标 x 测量；

（10）在功能区 Elements 项的 Data Elements 中，单击 Create an ADAMS plant output 图标，弹出 Data Element Create Plant Output 对话框；

（11）在 Plant Output Name 文本框中输入 POUTPUT_1，Variable Name 文本框中右击选择 Variable_Class 中的 Guesses 中的 Output1，其他保持默认设置，单击"OK"按钮完成输入变量创建；

（12）应用上述方法创建数据变量 POUTPUT_2 变量，Variable Name 文本框中右击选择 Variable_Class 中的 Guesses 中的 Output2；

（13）应用上述方法创建数据变量 POUTPUT_3 变量，Variable Name 文本框中右击选择 Variable_Class 中的 Guesses 中的 Output3；

（14）创建系统变量和数据变量可以在软件界面左侧 Browse 选项列表中的 Element 中查看，如图 9-22 所示。

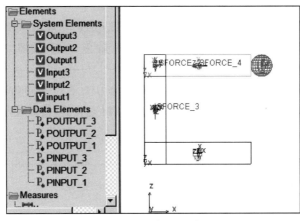

图 9-22　变量查看

5. 模型输出

在 Adams 中完成机器人几何建模、约束加载和变量定义，就可输出模型文件，为后面的 MATLAB 加载模型做准备。

（1）在功能区 Plugins 项的 Controls 中，单击选择 Plant Export 选项，弹出 Adams Controls Plant Export 对话框；

（2）单击 From Pinput 按钮，在弹出对话框中选择 PINPUT_1、PINPUT_2 和 PINPUT_3，单击"OK"按钮确认选择，在文本框中 Input Signal(s)中显示 input1、Input2 和 Input3；

（3）单击 From Poutput 按钮，在弹出对话框中选择 POUTPUT_1、POUTPUT_2 和 POUTPUT_3，单击"OK"按钮确认选择，在文本框中 Output Signal(s)中显示 Onput1、Onput2 和 Onput3；

（4）Target Software 选择 MATLAB，单击"OK"按钮按成模型文件输出。

9.2.2　控制系统模型

1. 模块生成

（1）启动 MATLAB R2016a 软件，将工作目录设定到 Adams 相同路径 E:\robot，里面有导出的机器人机械系统模型文件；

（2）在 MATLAB 命令界面，运行名字为 Controls_Plant_2 的 M 文件；

（3）运行完毕后，显示输入变量和输出变量，然后输入 adams_sys 命令，按 Enter 键；

（4）执行完毕 adams_sys 命令后，会弹出 adams_sub 模块。

2. 模型搭建

（1）在 MATLAB 的 Simulink 中新建个空白模型文件，命名为 Cartesian_robot，然后将上一步生成的 adams_sub 模块，复制到这个空白文件中；

（2）在 Simulink 模型库中拖出 3 个 Step 阶跃信号，终值设置为 250，分别作为机械手期望坐标输入；

（3）再拖出 3 个 PID 控制模块,其中第一个 z 轴平移关节的 PID 控制参数为 $k_p=1$, $k_i=0.5, k_d=0.3$,第二个 y 轴平移关节的 PID 控制参数为 $k_p=1, k_i=0.5, k_d=0.4$,第三个 x 轴平移关节的 PID 控制参数为 $k_p=1, k_i=0.5, k_d=0.5$;

（4）同时把机械手的三轴坐标值通过 To Workspace 模块输入到工作空间,示波器 Output1 可查看 z 轴坐标,示波器 Output2 可查看 y 轴坐标,示波器 Output3 可查看 x 轴坐标;

（5）由于 Adams 模型中机械手 z 轴平移关节的力矢量的方向为负方向,所以控制时 PID 模块输出的控制量通过 Gain 模块变方向后施加到关节上,最终模型如图 9-23 所示。

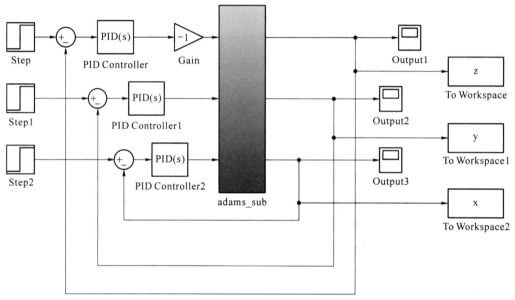

图 9-23　最终模型

9.2.3　联合仿真结果

1. 参数设置

（1）双击 adams_sub 模块,弹出该子模块的内部结构;

（2）再双击内部结构中的 MSC Software 模块,弹出 Block Parameters:ADAMS Plant 对话框;

（3）在 Block Parameters:ADAMS Plant 对话框中,Animation mode 选择 interactive 来显示机器人画面,Communication Interval 设置为 0.001 作为通信间隔,单击"OK"按钮完成参数设定。

2. 结果显示

（1）在 SImulink 模型文件中,设定仿真时间为 10 s,确保 Adams 软件可以打开使用,单击启动仿真按钮,开始联合仿真解算;

（2）在仿真过程中,Adams 软件会自动打开,可以拖动调整机器人模型视图,观察机器人的转向盘和机器人整体运动情况,如图 9-24 所示;

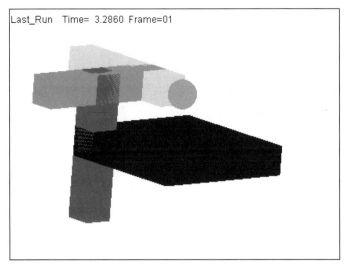

图 9-24　机器人模型

（3）仿真完成后可以双击示波器 Output1 查看机器人在 z 坐标曲线如图 9-25 所示；

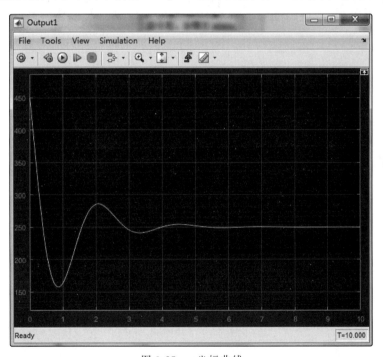

图 9-25　z 坐标曲线

（4）双击示波器 Output2 查看机器人 y 坐标曲线如图 9-26 所示；

（5）双击示波器 Output3 查看机器人 x 坐标曲线如图 9-27 所示；

（6）在 MATLAB 的命令窗口输入 plot3（x. data，y. data，z. data）；按 Enter 键后得到机器人机械手的运动轨迹，如图 9-28 所示。

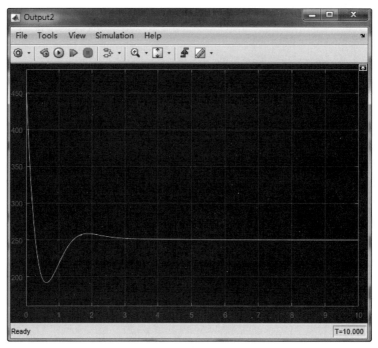

图 9-26　y 坐标曲线

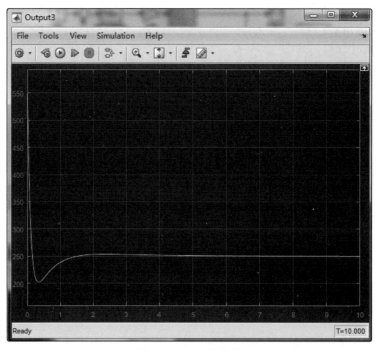

图 9-27　x 坐标曲线

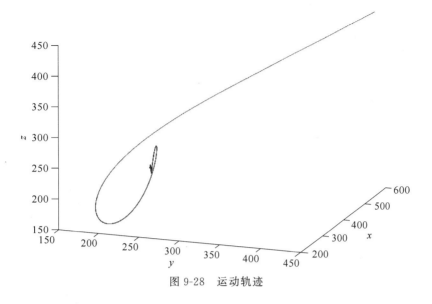

图 9-28　运动轨迹

机器人机械手位置初始坐标值与在 Adams 中建立模型时放置的坐标值是一致的,在 Simulink 中搭建 PID 模块,对机器人三个平移关节进行反馈控制,根据机械手运动轨迹可以看出,最终机械手的位置被控制到期望位置(250,250,250),在调试过程中了解 PID 控制参数对机械臂控制性能的影响。

9.3　本章小结

通过前轮转向驱动机器人和直角坐标型机器人仿真实例的介绍,我们可掌握机器人 Adams 和 MATLAB 进行联合仿真的方法,其中在 Adams 中建立机械系统模型,然后导入 MATLAB 软件中,在 Simulink 中搭建控制系统模型,最后实现机器人按照期望运动。在仿真过程中 Adams 软件可以对移动机器人进行动画展示,而 MATLAB 中可以通过示波器查看输出,同时可以将数据输入到工作空间,进行 MATLAB 绘图展示。

9.4　思考练习题

1. 尝试对关节型机器臂进行联合仿真。
2. 尝试对双轮驱动的移动机器人进行运动联合仿真。
3. 尝试将滑模控制方法或反步法应用到联合仿真中。

参 考 文 献

[1] SIEGWART R,NOURBAKHSH I R,SCARAMUZZA D. 自主移动机器人导论.2版.李人厚,宋青松,译.西安:西安交通大学出版社,2013.

[2] JOHN J,CRAIG. 机器人学导论.负超,王伟,译.北京:机械工业出版社,2018.

[3] 韩建海.工业机器人.4版.武汉:华中科技大学出版社,2019.

[4] CORKE P. 机器人学、机器视觉与控制:MATLAB算法基础.刘荣,等译.北京:电子工业出版社,2016.

[5] 郭卫东,李守忠.虚拟样机技术与ADAMS应用实例教程.2版.北京:北京航空航天大学出版社,2013.

[6] 刘晋霞,胡仁喜,康士廷.ADAMS2012虚拟样机从入门到精通.北京:机械工业出版社,2013.

[7] 李献,骆志伟,于晋臣.MATLAB/Simulink系统仿真.北京:清华大学出版社,2017.

[8] 周高峰,赵则祥.MATLAB/Simulink机电动态系统仿真及工程应用.北京:北京航空航天大学出版社,2014.

[9] 刘金琨.先进PID控制MATLAB仿真.4版.北京:电子工业出版社,2016.

[10] 刘金琨.机器人控制系统的设计与MATLAB仿真.北京:清华大学出版社,2008.

[11] 刘金琨.滑模变结构控制MATLAB仿真.2版.北京:清华大学出版社,2012.